Henri Poincaré

Letzte Gedanken von
Henri Poincaré

www.elv-verlag.de

Poincaré, Henri

Letzte Gedanken von Henri Poincaré

ISBN: 978-3-86267-343-8

Auflage: 1
Erscheinungsjahr: 2011
Erscheinungsort: Bremen, Deutschland

Europäischer Literaturverlag GmbH, Fahrenheitstr. 1, 28359 Bremen (www.elv-verlag.de).

Bei diesem Titel handelt es sich um den Nachdruck eines historischen, lange vergriffenen Buches aus der Akademischen Verlagsgesellschaft (Leipzig). Da elektronische Druckvorlagen für diesen Titel nicht existieren, musste auf alte Vorlagen zurückgegriffen werden. Hieraus zwangsläufig resultierende Qualitätsverluste bitten wir zu entschuldigen.

LETZTE
GEDANKEN
VON
HENRI POINCARÉ

ÜBERSETZT VON
DR. KARL LICHTENECKER
PROF. AN DER STAATSGEWERBESCHULE
IN REICHENBERG i./B.

LEIPZIG
AKADEMISCHE VERLAGSGESELLSCHAFT M. B. H.

Henri Poincaré †

Inhaltsverzeichnis

Seite

1. Sind die Naturgesetze veränderlich? . . 3
2. Raum und Zeit 33
3. Warum der Raum dreidimensional ist . . 55
4. Die Logik des Unendlichen 99
5. Die Mathematik und die Logik 143
6. Die Quanten-Hypothese 165
7. Materie und Weltäther 195
8. Moral und Wissenschaft 224
9. Die Sittlichkeit als Gemeingut 253

Voranzeige der französischen Ausgabe.

Unter dem Titel „Letzte Gedanken" sind hier verschiedene Abhandlungen und Vorträge vereinigt, die nach Henri Poincarés eigener Bestimmung den vierten Band seiner Abhandlungen über Naturphilosophie bilden sollten. Die vorausgegangenen Bände sind in der gleichen Sammlung bereits erschienen.

Es erscheint überflüssig, an die außerordentliche Wirkung dieser Werke zu erinnern; der hochberühmte moderne Mathematiker erwies sich als hervorragender Philosoph, als einer, dessen Bücher tiefen Einfluß auf das menschliche Denken ausüben.

Hätte Henri Poincaré selbst den Band herausgegeben, so hätte er vermutlich gewisse Einzelheiten abgeändert, um Wiederholungen zu vermeiden. Die Ehrfurcht vor dem Andenken des großen Toten schien uns aber jedes Nachbessern an seinem Wortlaut zu verbieten.

Ebenso erschien es uns überflüssig, dem Buche eine Abhandlung über Poincarés Lebenswerk vorauszusenden. Die Berufenen der ganzen Welt haben ihr Urteil gesprochen und kein Kommentar vermöchte den Ruhm dieses gewaltigen Geistes zu mehren.

1. Sind die Naturgesetze veränderlich?

In einer Arbeit über das Geltungsgebiet der Naturgesetze fragt sich Boutroux, ob, da doch die ganze Welt sich stetig verändert, die Naturgesetze, also sozusagen die Regeln, nach denen jene Änderungen sich vollziehen, nicht auch vielleicht Änderungen erfahren können. Eine derartige Annahme hätte keinerlei Aussicht, jemals von den Forschern angenommen zu werden; wenn sie ihr selbst Gehör geben wollten, so könnten sie sie doch nicht aufrechterhalten, ohne die Berechtigung, ja selbst die Möglichkeit der Forschung zu leugnen. Aber der Philosoph muß sich das Recht wahren, diese Frage aufzuwerfen, die verschiedenen sich darbietenden Lösungen ins Auge zu fassen, die Folgerungen zu prüfen und sie mit den berechtigten Forderungen der Forschung in Einklang zu bringen. Ich wollte einige der Gesichtspunkte, die das Problem darbietet, betrachten; wenn ich auch nicht zu scharf umrissenen Folgerungen gelangen werde, so doch zu verschiedenen Betrachtungen, denen man vielleicht das Interesse nicht absprechen wird. Man wird es mir zugute halten müssen, wenn ich auf diesem Wege dahin geführt werde, auch gewisse andere, im Zusammenhang damit stehende Fragen etwas ausführlicher zu besprechen.

I.

Stellen wir uns zunächst auf den Standpunkt des Mathematikers. Räumen wir vorläufig ein, daß die physikalischen Gesetze im Laufe der Zeiten Veränderungen unterliegen, und fragen wir uns, ob wir ein Mittel haben, diese wahrzunehmen. Vergessen wir zunächst nicht, daß den wenigen Jahrhunderten, während derer das Menschengeschlecht gelebt und gedacht hat, unvergleichbar längere Zeitläufte vorangingen, in denen der Mensch noch gar nicht leben konnte; ohne Zweifel werden ihnen andere Epochen folgen, in denen unsere Art verschwunden sein wird. Will man an eine Änderung der Gesetze glauben, so kann es unbestreitbar nur eine äußerst langsame sein, so daß in der geringfügigen Anzahl von Jahren, während derer der Mensch gedacht hat, die Naturgesetze nur unmerkbare Veränderungen erfahren haben konnten. Haben sie sich in der Vergangenheit geändert, so muß man darunter die geologische Vergangenheit verstehen. Waren nun also die Gesetze von Einstmals die Gesetze von Heute und werden die Gesetze von Morgen noch die gleichen sein? Stellt man eine solche Frage, welchen Sinn muß man den Worten Einst, Heute und Morgen beilegen? Heute

1. Sind die Naturgesetze veränderlich?

sind die Zeiten, deren Erinnerung die Geschichte bewahrt; Einst sind die Jahrmillionen, die der geschichtlichen Zeit vorangegangen sind, und in denen die Saurier still dahinlebten, ohne zu philosophieren; Morgen, das sind die Jahrmillionen, die folgen werden, wenn die Erde einst in Kälte erstarrt sein, kein Menschenauge mehr sehen und kein Menschenhirn mehr denken wird.

Dies angenommen, was ist nun ein Gesetz? Es ist ein beständiges Band zwischen dem Vorhergegangenen und dem Nachfolgenden, zwischen dem gegenwärtigen Zustande der Welt und dem unmittelbar darauffolgenden. Auf Grund der Kenntnis des gegenwärtigen Zustandes des Universums in allen seinen Teilen besäße ein gedachter Gelehrter, dem alle Naturgesetze gegeben wären, feste Regeln, um daraus den Zustand herzuleiten, den dieselben Teile des Weltalls am folgenden Tage haben würden; man erkennt, daß dieses Verfahren unbegrenzt wiederholt werden könnte. Aus dem Zustande der Welt am Montag würde er den am Dienstag herleiten können. Auf Grund der Kenntnis des Zustandes am Dienstag wird er durch das gleiche Verfahren den am Mittwoch bestimmen können, und so weiter fort. Aber das ist noch nicht alles; gibt es ein konstantes Band zwischen dem Zustand am Montag und dem am Dienstag, so wird er nicht nur diesen aus jenem, sondern auch das Umgekehrte bestimmen können;

1. Sind die Naturgesetze veränderlich?

d. h. wenn er den Zustand am Dienstag kennt, wird er auf den am Montag zurückschließen können; von letzterem auf den am Sonntag und so fort. Er könnte den Verlauf der Zeit ebenso nach rückwärts schreiten, wie er ihn nach vorwärts verfolgen könnte. Mit der Kenntnis der Gegenwart und der Naturgesetze kann er das Zukünftige voraussagen, aber er kann ebenso das Vergangene entschleiern.

Da wir uns hier auf den Standpunkt des Mathematikers stellen, empfiehlt es sich, der Darstellung die ganze Präzision zu geben, derer sie fähig ist, wenn man die Sprache der Mathematik auf sie anwendet. Wir werden also sagen, daß die Gesamtheit der Naturgesetze einem System von Differentialgleichungen entspricht, welche die Änderungen der Zustandsgrößen des Universums nach der Zeit mit den Momentanwerten dieser Größen verknüpfen. Einem solchen System wird, wie man weiß, durch eine unbegrenzte Anzahl von Lösungen genügt; legen wir uns aber die Anfangswerte aller Zustandsgrößen fest — also ihre Werte zur Zeit $t = 0$ (das, was wir in gewöhnlicher Sprache als Gegenwart bezeichnen) — so ist die Lösung eindeutig bestimmt, dergestalt, daß wir die Werte aller Zustandsgrößen zu einer beliebigen Zeit, sei es für $t > 0$, was der Zukunft, sei es für $t < 0$, was der Vergangenheit entspricht, ermitteln können. Es ist wesentlich, sich klar zu machen, daß die Form des Schlusses von der Gegen-

1. Sind die Naturgesetze veränderlich?

wart auf die Vergangenheit sich nicht unterscheidet von der Form des Schlusses von der Gegenwart auf die Zukunft.

Welche Mittel haben wir nun, die geologische Vergangenheit zu entziffern, also die Geschichte der Zeitläufte, in denen die Naturgesetze sich einstmals hätten ändern können? Diese Vergangenheit entzieht sich der unmittelbaren Beobachtung und wir kennen sie nur aus den Spuren, die sie in der Gegenwart zurückgelassen hat, also nur durch die Gegenwart selbst, und wir können sie nicht anders enthüllen als durch jenen Prozeß, den wir eben geschildert haben. Ist dieser Prozeß aber imstande, uns die Änderungen der Gesetze aufzudecken? Offenbar nein; denn wir können streng folgerichtig den Prozeß gar nicht anwenden, ohne die Voraussetzung, daß die Gesetze selbst sich nicht geändert haben. Kennen wir zum Beispiel durch unmittelbare Erfahrung den Zustand am Montag und die Gesetzmäßigkeit, die ihn mit dem am Sonntag verknüpft, dann wird die Anwendung dieser gesetzmäßigen Beziehung uns die Kenntnis des Zustandes am Sonntag vermitteln; wollen wir aber noch weiter schreiten und den Zustand am Sonnabend herleiten, so ist es unerläßlich notwendig, anzunehmen, daß die gleichen Regeln, die uns gestatteten, vom Montag auf den Sonntag zurückzugehen, auch noch Geltung haben zwischen Sonntag und Sonnabend. Ohne diese Annahme wäre die einzige Schlußfolgerung, die wir ziehen dürften, die, daß es unmöglich ist, etwas von dem zu wissen, was sich Sonnabends ereignet hat. Wenn also die Unveränderlichkeit der Gesetze unter den P r ä - m i s s e n aller unserer Überlegungen steht, können wir nicht erwarten, sie unter den Schlußfolgerungen nicht wiederzufinden.

Leverrier berechnet auf Grund der Kenntnis der gegenwärtigen Planetenumläufe unter Zuhilfenahme des Newtonschen Gesetzes, was aus diesen Umläufen nach 10 000 Jahren geworden sein wird. Auf welche Art er auch seine Rechnung durchführen mag, niemals wird er durch sie entdecken können, daß das Newtonsche Gesetz jemals sich als falsch erweisen wird, sei es auch in Jahrmillionen. Er wird ferner, einfach durch Umkehrung des Vorzeichens der Zeit in seinen Formeln, die Bahnen v o r 10 000 Jahren berechnen können; niemals aber wird er finden können, daß das Newtonsche Gesetz nicht in aller Vergangenheit Geltung gehabt hätte.

Wir fassen zusammen: Ohne die Annahme, daß die Gesetze sich nicht geändert haben, können wir über die Vergangenheit überhaupt nichts wissen; räumen wir die Berechtigung der Annahme ein, dann erhebt sich die Frage nach der Evolution der Gesetze überhaupt nicht; räumen wir sie nicht ein, dann ist die Frage unlösbar, ebenso wie alles, was sich auf die Vergangenheit bezieht.

II.

Ist es aber, wird man sagen, nicht möglich, daß die Anwendung des vorbesprochenen Prozesses auf einen Widerspruch führt, oder, wenn man will, daß unsere Differentialgleichungen überhaupt keine Lösung zulassen? Sobald die Annahme von der Unveränderlichkeit der Gesetze, die an der Spitze aller unserer Überlegungen steht, zu einer widersinnigen Folgerung führen würde, hätten wir per absurdum damit bewiesen, daß die Gesetze sich verändert haben, wenn wir auch für ewige Zeiten unfähig wären, zu wissen, in welcher Weise.

Da unser Prozeß umkehrbar ist, läßt sich das eben Gesagte auf die Zukunft anwenden, und es scheint, daß es Fälle gibt, welche die Behauptung zulassen, daß vor einem gewissen Zeitpunkte die Welt untergehen oder ihre Gesetze ändern müsse. Untergehen, oder die Gesetze ändern, das ist nahezu dieselbe Sache; eine Welt, die nicht mehr die Gesetze der unseren hätte, wäre nicht mehr unsere Welt, es wäre eine andere.

Ist es möglich, daß die Erforschung der gegenwärtigen Welt und ihrer Gesetze uns zu Formeln mit derartigen Widersprüchen führt? Die Gesetze sind aus der Erfahrung geschöpft; wenn sie uns lehren, daß der Zustand A am Sonntag den Zustand B am Montag nach sich zieht, so ist es deshalb, weil man beide Zustände A und B beobachtet hat; dies ist der Grund, weshalb keiner der beiden Zustände physikalisch unmöglich ist. Wenn wir den Prozeß weiter verfolgen und Schritt für Schritt von einem Tage auf den nächstfolgenden schließen, vom Zustand A auf den Zustand B, hierauf vom Zustand B auf den Zustand C, dann vom Zustand C auf den Zustand D, und so weiter, so sind alle diese Zustände sicher physikalisch möglich; denn wenn der Zustand D es zum Beispiel nicht wäre, so hätten wir niemals die Erfahrung machen können, daß der Zustand C im Laufe eines Tages den Zustand D hervorbringt. So weit man auch die Ableitungen erstreckt, niemals wird man zu einem physikalisch unmöglichen Zustand, also zu einem Widerspruch kommen. Wäre eine unserer Formeln nicht frei hiervon, so wäre es, weil wir das Gebiet der Erfahrung überschritten, also weil wir extrapoliert haben. Nehmen wir zum Beispiel an, man hätte beobachtet, daß die Temperatur eines Körpers unter diesen oder jenen Umständen täglich um einen Grad sinke; wäre die Temperatur gegenwärtig z. B. 20^0, so würde man schließen, daß sie nach Verlauf von 300 Tagen -280^0 betragen werde; das wäre aber widersinnig, physikalisch unmöglich, da der absolute Nullpunkt bei -273^0 liegt. Was ist darauf zu sagen? Hat man denn beobachtet, daß die Temperatur im Laufe eines Tages von -279^0 auf -280^0 sinkt? Nein, zweifellos nicht; denn diese

1. Sind die Naturgesetze veränderlich?

beiden Temperaturen können überhaupt nicht beobachtet werden. Man hat zum Beispiel gesehen, daß das Gesetz mit großer Annäherung sich zwischen 20° und 0° als richtig erwiesen hat; man hat nun unberechtigterweise geschlossen, daß dies auch bis —273° und darüber hinaus so sein müsse; man hat eine unzulässige Extrapolation ausgeführt. Aber die Zahl der Möglichkeiten, wie eine empirische Formel extrapoliert werden kann, ist unbeschränkt, und unter diesen kann man stets eine wählen, welche physikalisch unmögliche Zustände ausschließt.

Wir gelangen zur Kenntnis der Gesetze nur durch Annäherungen; die Erfahrung schränkt nur unsere Wahl ein, und unter all den Gesetzen, die sie uns zu wählen gestattet, wird man stets welche finden, die uns nicht einem Widerspruch der oben dargelegten Art aussetzen, und uns zwingen könnten, gegen die Unveränderlichkeit der Gesetze einen Schluß zu ziehen.

Ein Mittel, eine derartige Veränderlichkeit nachzuweisen, fehlt uns noch, mag es sich darum handeln, zu zeigen, daß sich die Gesetze ändern werden, oder, daß sie sich geändert haben.

III.

An dieser Stelle angelangt, könnte man uns gewisse Tatsachen als Einwand entgegenhalten. „Sie behaupten, daß, wenn man auf Grundlage der Kennt-

1. Sind die Naturgesetze veränderlich?

nis der Naturgesetze versucht, das Vergangene zurückzuverfolgen, man niemals auf einen Widerspruch stoßen wird; indessen haben sich unter den Forschern solche Widersprüche ergeben, über die man wohl nicht so leicht wird hinweggehen können, wie Sie meinen. Daß es nur scheinbare Widersprüche sind, und daß die Hoffnung, sie zu beheben, aufrechterhalten werden kann, gestehe ich Ihnen zu; aber nach Ihren Ausführungen müßte selbst ein scheinbarer Widerspruch unmöglich sein."

Ziehen wir sogleich ein Beispiel heran. Berechnet man nach den Gesetzen der Thermodynamik die Zeit, während welcher die Sonne uns ihre Wärme zustrahlen konnte, so erhält man ungefähr 50 Millionen Jahre; dieser Zeitraum würde den Geologen nicht genügen. Die Entwicklung der organischen Formen konnte sich nicht so schnell vollziehen — das ist ein Punkt, über den sich streiten ließe — aber auch die Ablagerungen jener Schichten, in denen man Reste von Pflanzen und Tieren vorfindet, die ohne Sonne nicht leben konnten, haben zu ihrer Bildung eine Zahl von Jahren gebraucht, die etwa um das Zehnfache größer ist. Was den Widerspruch möglich gemacht hat, ist, daß sich die Überlegung, auf der der geologische Beweis ruht, wesentlich von der des mathematischen unterscheidet. Aus der Beobachtung gleicher Wirkungen schließen wir auf Gleichheit der Ursachen; be-

1. Sind die Naturgesetze veränderlich?

obachtet man zum Beispiel Versteinerungen von Tieren, die einer gegenwärtig lebenden Gattung angehören, so schließen wir, daß zu der Zeit, in der sich die solche Versteinerungen enthaltende Schicht bildete, die äußeren Bedingungen, ohne welche Tiere dieser Gattung nicht leben können, a l l e gleichzeitig vorhanden gewesen sind.

Auf den ersten Blick ist das so ziemlich dieselbe Sache, derselbe Vorgang, den auch der Mathematiker einhalten würde, auf dessen Standpunkt wir uns während der vorausgegangenen Abschnitte gestellt haben; auch er würde schließen, daß sobald die Gesetze sich nicht geändert haben, gleiche Wirkungen nur durch gleiche Ursachen hervorgerufen sein können. Es besteht aber jedenfalls ein wesentlicher Unterschied. Fassen wir den Zustand der Welt in einem gegebenen Augenblick und in dem unmittelbar vorhergehenden ins Auge! Der Zustand des Weltganzen oder selbst eines sehr kleinen Teiles des Weltganzen ist unter allen Umständen außerordentlich verwickelt und hängt von einer sehr großen Anzahl von Zustandsgrößen ab. Zur Vereinfachung der Darlegung nehme ich bloß zwei Zustandsgrößen an, deren Angabe genügen soll, um den jeweiligen Zustand festzulegen. Für den nachfolgenden Augenblick seien diese gegebenen Größen etwa A und B, für den unmittelbar vorangegangenen A' und B'.

Die Gleichung des Mathematikers, die auf der Gesamtheit der beobachteten Gesetze aufgebaut ist, lehrt ihn, daß der Zustand AB nur erzeugt sein kann durch den vorausgegangenen Zustand $A'B'$; kennt er aber nur eine der Zustandsgrößen, etwa A, ohne zu wissen, ob sie von der zweiten Zustandsgröße begleitet ist, gestattet ihm seine Gleichung überhaupt keinen Schluß. Höchstens, wenn ihm die Erscheinungen A und A' miteinander verknüpft, aber verhältnismäßig unabhängig von B und B' erscheinen, wird er von A auf A' schließen; keinesfalls wird er die beiden Umstände A' und B' aus dem einzigen Umstand A allein folgern. Anders der Geologe; sobald er den Effekt A allein beobachtet, schließt er, daß er nur aus dem **Nebeneinanderbestehen** beider Ursachen A' und B' hervorgegangen sein kann, die ihn so oft vor unseren Augen entstehen lassen. In den meisten Fällen ist der Effekt A, um den es sich handelt, derart spezieller Natur, daß eine andere Zusammenstellung von Ursachen, die die gleiche Wirkung ergeben würden, durchaus unwahrscheinlich ist.

Sind zwei Organismen gleich oder wenigstens gleichartig, so kann eine solche Übereinstimmung nicht auf einem Zufall beruhen, und wir können behaupten, daß beide unter gleichartigen Bedingungen gelebt haben. Finden wir die Überreste solcher Organismen, so sind wir nicht nur sicher, daß sie

1. Sind die Naturgesetze veränderlich?

aus einem Keim hervorgegangen sind, der dem gleichartig ist, aus dem wir ähnliche Wesen sich entwickeln sehen, sondern auch, daß die Außentemperatur bei ihrer Entstehung nicht höher war, als die, bei der sich ihr Keim noch entwickeln kann. Jene Überreste können fernerhin auch kein bloßes „Naturspiel" sein, wie man im siebzehnten Jahrhundert dachte; es ist überflüssig, auszusprechen, daß eine solche Folgerung geradezu der Vernunft zuwiderläuft. Das Vorhandensein organischer Reste ist übrigens nur ein sehr auffälliges Beispiel im Vergleich zu anderen, und wir sind, ohne das Bereich der unbelebten Natur zu verlassen, in der Lage, andere Fälle gleicher Art anzuführen.

Der Geologe kann mithin dort Schlüsse ziehen, wo der Mathematiker hierzu nicht fähig ist. Aber man sieht, daß er nicht mehr so gegen einen Widerspruch geschützt ist, wie es der Mathematiker wäre. Aus einem einzigen Umstand schließt er zurück auf viele vorausgegangene Zustände. Ist der Umfang der Folgerungen in irgendeiner Beziehung größer, als der Umfang der Voraussetzungen, so ist es möglich, daß das, was man aus einer Beobachtung herleitet, in Widerspruch steht mit den Folgerungen aus einer anderen. Jede einzelne Tatsache bildet sozusagen ein Strahlungszentrum. Aus jeder leitet der Mathematiker nur einen Schluß ab; der Geologe aber leitet aus ihr vielerlei Tatsachen her. Aus dem Lichtpunkt, der ihm gegeben ist, macht er eine mehr oder weniger ausgedehnte leuchtende Scheibe; zwei Lichtpunkte werden ihm daher zwei leuchtende Scheiben liefern, die sich gegenseitig werden stören können; daher die Möglichkeit eines Widerspruchs. Findet er zum Beispiel in einer Schichte Weichtiere vor, welche nicht bei einer Temperatur unterhalb 20⁰ leben können, so wird er schließen, daß die Meere jenes Zeitraumes heiß waren; aber wenn dann einer seiner Fachgenossen in derselben Schichte andere Lebewesen entdeckt, die eine Temperatur oberhalb 5⁰ töten würde, so schließt dieser, daß eben jene Meere kalt gewesen sind.

Man kann Gründe haben, zu hoffen, daß die beobachteten Tatsachen sich nicht in Wirklichkeit widersprechen, oder daß die Widersprüche sich nicht als unlösbar erweisen werden, aber wir haben sozusagen keine Garantie mehr gegen die Möglichkeit eines Widerspruchs, schon nach den Regeln der formalen Logik. Und man kann sich also fragen, ob, wenn man nach Art der Geologen Schlüsse zieht, man nicht eines Tages auf eine absurde Folgerung stoßen kann, von der Art, daß man genötigt wäre, auf eine Veränderlichkeit der Gesetze zu schließen.

IV.

Es sei hier eine Abschweifung gestattet. Wir haben eben gesehen, daß der Geologe ein Hilfsmittel

1. Sind die Naturgesetze veränderlich?

besitzt, dessen der Mathematiker ermangelt, welches ihm gstattet, von der Gegenwart auf die Vergangenheit zu schließen. Warum ermöglicht uns dasselbe Hilfsmittel nicht, von der Gegenwart auf die Zukunft zu schließen? Sehe ich einen Mann von zwanzig Jahren, so bin ich sicher, daß er alle Entwicklungsstufen durchschritten hat von der Kindheit bis zum Jünglingsalter, und folglich auch weiter, daß seit zwanzig Jahren auf der Erde keine Katastrophe stattgefunden hat, die alles organische Leben vernichtet hätte; dies aber beweist keineswegs, daß ein solcher Umsturz nicht in den nächsten zwanzig Jahren stattfinden könnte. Wir haben für die Erkenntnis der Vergangenheit Mittel, die uns fehlen, wenn es sich um die Zukunft handelt, und dies ist vielleicht der Grund, weshalb uns die Zukunft noch rätselvoller erscheint als die Vergangenheit.

Ich muß hier auf eine Abhandlung verweisen, die ich über den Zufall geschrieben habe; ich habe die Ansicht Lalandres angeführt, der das Gegenteil gesagt hat, nämlich, daß die Zukunft durch die Vergangenheit vollkommen bestimmt ist, die Vergangenheit es aber durch die Zukunft nicht ist. Nach Lalandre kann eine Ursache nur eine einzige Wirkung hervorrufen, während eine und dieselbe Wirkung von mehreren, untereinander verschiedenen Ursachen hervorgebracht sein kann. Wäre dem so, dann wäre es die Vergangenheit, die unenträtselbar, und die Zukunft, die leicht zu erforschen wäre.

Ich kann mich dieser Ansicht nicht anschließen, aber ich habe gezeigt, was sie verursacht haben kann. Der Satz von Carnot zeigt uns, wie die Energie, die unzerstörbar ist, zerflattern kann. Alle Wärmezustände haben das Bestreben, sich auszugleichen, die Welt geht einem Zustand völliger Gleichförmigkeit, das heißt dem Tode entgegen. Große Unterschiede in den Ursachen rufen nur kleine Unterschiede in den Wirkungen hervor. Werden die Unterschiede der Wirkungen zu klein, als daß sie beobachtet werden könnten, dann haben wir kein Mittel, die Unterschiede festzustellen, die einst zwischen den Ursachen bestanden haben, so groß diese Unterschiede auch gewesen sein mochten.

Aber gerade, weil alles dem Tode entgegengeht, ist das Leben eine Ausnahme, die der Erklärung bedarf.

Sind Kieselsteine auf einem Gebirgszug sich selbst überlassen, so werden sie schließlich hinab ins Tal gelangen; finden wir sie auf der Talsohle, so ist das eine alltägliche Erscheinung, die uns nichts Bestimmtes über die Vorgeschichte der Kiesel lehren wird; wir werden nicht sagen können, an welcher Stelle des Gebirges sie früher sich befunden haben. Aber wenn wir zufällig einen Stein in der Nähe des Gipfels vorfinden, dann werden wir behaupten

1. Sind die Naturgesetze veränderlich?

können, daß er sich immer dort befunden habe; denn hätte er auf dem Abhang gelegen, so wäre er bis auf den Grund herabgerollt. Solche Schlüsse werden wir mit umso mehr Sicherheit ziehen, ein je ausgeprägterer Ausnahmefall es ist und je größer daher die Wahrscheinlichkeit dafür ist, daß er sich nicht ereignet.

V.

Ich habe diese Frage nur beiläufig berührt; sie verdiente, daß man ihr nachginge; aber ich will mich nicht noch weiter von meinem Gegenstande abbringen lassen. Ist es möglich, daß die Widersprüche der Geologen jemals die Wissenschaft dahin bringen können, die Wandelbarkeit der Gesetze zu folgern? Bedenken wir zunächst, daß nur im ersten Entwicklungsstadium der Wissenschaften Analogieschlüsse Anwendung finden, mit denen die Geologie der Jetztzeit sich begnügen muß. In dem Maße, als die Wissenschaften sich entwickeln, nähern sie sich dem Zustand, welchen die Astronomie und die Physik bereits erreicht zu haben scheinen, und in dem die Gesetze fähig sind, in der Sprache der Mathematik ausgedrückt zu werden. Diese Behauptung, von der wir schon eingangs der Abhandlung gesprochen haben, wird einst uneingeschränkt zur Wahrheit werden. Es ist ja eine verbreitete Ansicht, daß alle Wissenschaften bestimmt sind, mit größerer oder geringerer Schnelligkeit nacheinander die gleiche Entwicklung zu nehmen. Wenn dem so ist, so können die Schwierigkeiten, die auftauchen, nur vorübergehend sein, dazu bestimmt, sich in nichts aufzulösen, sobald die Wissenschaften dem Kindesalter entwachsen sein werden.

Aber wir brauchen nicht diese unsichere Zukunft abzuwarten. Worauf beruht der Analogieschluß des Geologen? Eine geologische Beobachtungstatsache scheint ihm dermaßen übereinstimmend mit einer Beobachtungstatsache der Gegenwart, daß er die Ähnlichkeit nicht auf Rechnung des Zufalls setzen kann. Er glaubt dies nicht anders erklären zu können als durch die Annahme, daß die beiden Ereignisse durch nahezu gleiche Begleitumstände hervorgerufen sein können. Er würde so weit gehen, sich vorzustellen, daß die begleitenden Umstände identisch waren, daß aber, mit Ausnahme dieses einzigen Punktes, die Naturgesetze sich während dieses Zeitraumes geändert hätten und daß die ganze Welt sich umgestaltet hätte in dem Maße, daß man sie nicht mehr wiedererkennen könnte. Er würde auf der einen Seite behaupten, daß die Temperatur habe dieselbe bleiben müssen, andererseits aber zufolge einer Umwälzung der ganzen Physik die Wirkungen der Temperatur vollkommen andere geworden seien, der Art, daß sogar das Wort Temperatur jeden Sinn vollkommen eingebüßt hätte. Offenbar wird er, wohin es auch führte, durch eine solche Vorstellung niemals sich abschrecken lassen. Die Art, wie er die Logik erfaßt, steht dem durchaus im Wege.

VI.

Wie wäre es aber, wenn die Menschheit durch längere Zeiträume bestehen könnte, als wir angenommen haben, lange genug, um die Gesetze unter ihren Augen sich verändern zu sehen? Oder noch besser, wenn die Menschen dazu gelangten, genügend empfindliche Instrumente zu bauen, um die Veränderung, so langsam sie auch sei, schon im Verlaufe weniger Menschenalter wahrnehmbar zu machen? Dann wären es nicht mehr Schlüsse und Folgerungen, sondern unmittelbare Beobachtung, auf der unsere Kenntnis von den Änderungen der Naturgesetze ruht. Würden dann nicht alle vorangegangenen Überlegungen zu nichte? Die Aufzeichnungen, in denen die Erfahrungen unserer Vorfahren niedergelegt wären, wären dann auch nichts Anderes als Überreste aus der Vergangenheit, die uns von eben dieser Vergangenheit nur eine indirekte Kenntnis vermitteln würden. Die Urkunden der Vergangenheit sind für den Geschichtsforscher das, was die Versteinerungen für den Geologen sind, und die Werke der Forscher vergangener Zeiten wären eben auch nichts anderes als Urkunden aus der Vergangenheit. Sie würden uns über das Denken jener Forscher nur in dem Maße Aufschluß geben, als diese Menschen von einstmals denen von heute ähnlich wären. Wenn die Naturgesetze sich wirklich ändern würden, dann wäre das Universum in allen seinen Teilen diesem Einflusse unterworfen, und auch die Menschheit könnte sich ihm nicht entziehen. Selbst wenn man annimmt, daß sie in der neuen Umgebung hätte weiter leben können, so hätte sie sich doch notwendigerweise ändern müssen, um sich ihr anzupassen. Und so wäre uns die Sprache der Menschen von einstmals unverständlich geworden; die Worte, derer sie sich bedient haben würden, hätten keinen Sinn mehr für uns oder doch einen anderen. Geschieht Ähnliches nicht schon nach wenigen Jahrhunderten, obwohl die Naturgesetze indes ungeändert geblieben sind?

Und so verfallen wir stets in das gleiche Dilemma: Entweder verbleiben die Dokumente von ehedem uns vollkommen verständlich, und das wird dann der Fall sein, wenn die Welt sich gleich geblieben ist, dann werden sie uns aber auch nichts Neues lehren können. Oder aber sie sind zu unentzifferbaren Rätseln geworden, dann können sie uns überhaupt nichts Anderes lehren, als daß die Gesetze sich geändert haben; wir wissen, daß nicht einmal soviel nötig ist, um sie uns zum toten Buchstaben zu machen.

Übrigens würden solche Menschen von einstmals, ebenso wie wir, stets nur eine fragmentarische

1. Sind die Naturgesetze veränderlich?

Kenntnis der Natur haben besitzen können. Wir werden stets ausreichende Mittel finden, um zwei Bruchstücke, selbst wenn sie unversehrt sind, passend aneinanderzufügen; um wie viel eher noch, wenn uns von der fernen Vergangenheit nur ein verblaßtes, ungenaues und halbverwischtes Bild erhalten ist?

VII.

Betrachten wir die Frage nun von einem anderen Gesichtspunkt. Die Gesetze, die uns die unmittelbare Beobachtung liefert, sind nur Mittelwertsgesetze. Nehmen wir als Beispiel das Mariottesche Gesetz. Für die meisten Physiker ist es nur eine Folge der kinetischen Gastheorie; die Gasmoleküle sind mit beträchtlichen Geschwindigkeiten begabt, sie beschreiben verwickelte Bahnen, deren Gleichung man ansetzen könnte, wenn man die Gesetze kennen möchte, nach denen sie sich gegenseitig anziehen und abstoßen. Schätzt man die Bahnen nach den Regeln der Wahrscheinlichkeit, so kann man zeigen, daß die Dichte eines Gases seinem Drucke proportional ist.

Die Gesetze, die die der Beobachtung zugänglichen Körper beherrschen, sind daher bloße Folgen der molekularen Gesetze.

Ihre Einfachheit ist nur scheinbar und verbirgt eine höchst verwickelte Wirklichkeit, da das Maß für die Mannigfaltigkeit die Anzahl der Moleküle selbst ist. Aber gerade weil diese Anzahl so außerordentlich groß ist, heben sich die Abweichungen im Einzelnen gegenseitig auf und wir empfangen den Eindruck der Harmonie.

Die Moleküle selbst sind vielleicht auch wieder Welten; ihre Gesetze können dann auch nur Mittelwertsgesetze sein, und um deren Ursachen aufzudecken, müßte man zu den Bausteinen der Moleküle herabsteigen, ohne zu wissen, wo man schließlich stehen bleiben würde.

Die beobachtbaren Gesetze hängen demnach von zwei Dingen ab: von den Molekulargesetzen und von der Verteilung der Moleküle. Die Molekulargesetze sind es, denen Unveränderlichkeit zukommt; sie sind ja die wahren Gesetze und die beobachtbaren nur scheinbare. Die Anordnungen der Moleküle aber können sich ändern und mit ihnen die beobachtbaren Gesetze. Dies wäre eine Ursache, an die Veränderlichkeit der Gesetze zu glauben.

VIII.

Ich nehme eine Welt an, deren Bestandteile eine so vollkommene Wärmeleitfähigkeit besitzen, daß sie stets im Temperaturgleichgewicht sich befinden. Die Bewohner dieser Welt hätten keine Vorstellung von dem, was wir Temperaturdifferenz nennen; in ihren Abhandlungen über Physik gäbe es kein Kapitel über Thermometrie. Abgesehen hiervon könnten diese

1. Sind die Naturgesetze veränderlich?

Abhandlungen ziemlich vollständig sein; sie würden eine Menge von Gesetzen lehren, die zum Teil noch einfacher wären, als die unseren.

Stellen wir uns nun vor, daß diese Welt sich durch Strahlung langsam abkühle; die Temperatur wird überall gleichförmig verteilt bleiben, sie wird aber im Lauf der Zeit sinken. Angenommen, ein Bewohner dieser Welt verfalle in einen Schlaf, aus dem er nach Jahrhunderten erwacht; wir wollen, da wir schon so vieles angenommen haben, auch noch die Möglichkeit einräumen, daß er auch in der etwas kälteren Welt zu leben vermöchte und sich die Erinnerung an den früheren Zustand bewahrt haben würde. Er würde sehen, daß seine Nachkommen fortfahren, physikalische Abhandlungen zu schreiben, daß auch sie nicht von Temperaturmessung reden, daß aber die Gesetze, die sie lehren, durchaus verschieden sind von jenen, die er kannte. Ihn zum Beispiel hatte man gelehrt, daß Wasser unter einem Drucke von 10 mm Quecksilbersäule kocht; die neuen Physiker aber würden beobachten, daß, um es zum Kochen zu bringen, der Druck bis auf 5 mm herabgesetzt werden muß. Körper, die er einst flüssig kannte, werden sich nunmehr im festen Zustande vorfinden und so fort. Die gegenseitigen Beziehungen der Bestandteile dieser Welt, die von der Temperatur abhängen, werden, da diese sich geändert hat, durchaus umgestoßen sein.

Sind wir nun aber sicher, daß es nicht irgendeine

physikalische Größe gibt, die uns ebenso unbekannt ist, wie die Temperatur den Bewohnern jener eingebildeten Welt? Wissen wir, ob jene Größe sich nicht stetig ändert, wie die Temperatur einer Kugel, die ihre Wärme durch Strahlung verliert, und ob nicht diese Änderung eine Änderung aller Naturgesetze nach sich zieht?

IX.

Kehren wir zurück zu unserer vorgestellten Welt und fragen wir uns, ob ihre Bewohner, auch ohne auf die Geschichte der Schläfer von Ephesus zurückzugreifen, imstande wären, jene Veränderung wahrzunehmen. So vollkommen die Wärmeleitfähigkeit auf ihrem Planeten auch sei, so wird sie doch zweifellos nicht absolut sein, so daß Temperaturdifferenzen, wenn auch außerordentlich geringe, immer noch möglich sein werden. Sie würden lange Zeit der Beobachtung entgehen, aber es käme vielleicht der Tag, wo man noch empfindlichere Meßapparate ersinnen und wo ein genialer Physiker diese fast unmerklichen Differenzen der Beobachtung zugänglich machen würde. Eine Theorie würde aufgestellt werden, man würde erkennen, daß diese Temperaturabweichungen Einfluß auf alle physikalischen Erscheinungen haben, und schließlich würde irgendein Denker, dessen Auffassung den meisten seiner Zeitgenossen gewagt und kühn erscheinen würde, die

1. Sind die Naturgesetze veränderlich?

Behauptung aussprechen, daß die mittlere Temperatur der Welt sich im Laufe der Vergangenheit geändert haben könne, und mithin auch alle damit in Verbindung stehenden Naturgesetze.

Können wir selbst nicht auch eine ganz ähnliche Sache erleben? Die Grundgesetze der Mechanik zum Beispiel wurden lange Zeit hindurch als absolut betrachtet. Heute sagen manche Physiker, daß sie geändert, oder vielmehr erweitert werden müssen; daß sie nur mit großer Annäherung richtig sind für die Geschwindigkeiten, an die wir gewöhnt sind; daß sie aber aufhören werden, es zu sein für Geschwindigkeiten, die mit der Lichtgeschwindigkeit vergleichbar sind; und sie stützen ihre Auffassungsweise auf gewisse, mit Hilfe des Radiums gewonnene Erfahrungen. Die alten Gesetze der Dynamik bleiben nicht weniger praktisch richtig für die Welt, die uns umgibt. Wird man nun nicht mit einem Anschein von Berechtigung sagen können: Zufolge der steten „Zerstreuung" der Energie müssen die Geschwindigkeiten der Körper die Neigung zeigen, abzunehmen, da ihre lebendige Kraft sich in Wärme verwandeln will; geht man also weit genug in die Vergangenheit zurück, so muß man auf eine Zeit stoßen, wo Geschwindigkeiten von der Größenordnung der Lichtgeschwindigkeit durchaus nichts Außergewöhnliches waren, wo daher die klassischen Gesetze der Mechanik k e i n e Geltung hatten?

Nehmen wir andererseits an, die beobachtbaren Gesetze seien nur Mittelwertsgesetze, welche in gleicher Weise von den molekularen Gesetzen, wie von der Anordnung der Moleküle abhängig sind. Wenn uns einmal der Fortschritt der Wissenschaft mit jener Abhängigkeit wird näher bekannt gemacht haben, dann werden wir ohne Zweifel und zwar auf Grund der Molekulargesetze selbst schließen können, daß die molekulare Anordnung einstmals von der gegenwärtigen verschieden gewesen sein mußte, und daß daher die beobachtbaren Gesetze nicht stets dieselben bleiben können. Wir werden daher die Veränderlichkeit der Gesetze folgern, aber wohlbemerkt, es wird dies gerade auf Grund des Prinzips ihrer Unveränderlichkeit geschehen. Wir werden behaupten, daß die scheinbaren Gesetze sich geändert haben, aber es wird geschehen, weil man die Molekulargesetze, die man hinfort als die wahren Gesetze ansehen wird, als unveränderlich erklären wird.

X.

So gibt es kein einziges Gesetz, von dem wir mit Gewißheit aussprechen könnten, es sei stets wahr gewesen in der Vergangenheit mit derselben Annäherung wie heute; ja ich möchte noch weiter gehen und sagen: es gibt kein Gesetz, von welchem wir mit Gewißheit behaupten könnten, es sei einstmals nicht ungültig gewesen. Und trotzdem wird nichts den Forscher davon abbringen können, sich seinen Glauben an das Prinzip der Unwandelbarkeit der Gesetze zu bewahren, da niemals ein Gesetz auf den Rang eines Übergangsgesetzes wird herabsinken können, ohne von einem allgemeineren und umfassenderen Gesetze abgelöst worden zu sein; es wird niemals gestürzt werden können vor der Thronbesteigung des neuen Gesetzes, so daß es nie zu einem Interregnum kommen wird und die Prinzipien gewahrt bleiben werden; ihnen zu Liebe wird man den Wechsel vornehmen und alle Veränderungen werden sie nur auf das Augenfälligste bekräftigen.

Es wird selbst das sich nicht ereignen, daß man Veränderungen durch Erfahrung oder Induktion feststellen und hinterher sich bemühen wird, sie durch eine mehr oder weniger künstliche Synthese zu erklären. Nein, die Synthese wird zuerst kommen, und wenn wir Veränderlichkeiten einräumen, so wird es geschehen, um sie aufrechtzuerhalten.

XI.

Es scheint, daß wir uns bisher nicht so sehr mit der Frage, ob die Gesetze sich wirklich ändern, beschäftigt haben, als vielmehr mit der Frage, ob sie der Mensch als veränderlich ansehen kann. Sind nun die Gesetze, insofern wir sie uns als außerhalb des Geistes, der sie geschaffen und beobachtet hat, bestehend vorstellen, also a n s i c h unveränderlich?

1. Sind die Naturgesetze veränderlich?

Die Frage ist nicht nur unlöslich, sondern sie hat überhaupt keinen Sinn. Was hat es für einen Zweck, die Frage aufzuwerfen, ob in der Welt der „Dinge an sich" sich die Gesetze mit der Zeit ändern können, zumal in einer solchen Welt der Zeitbegriff vielleicht gar keinen Sinn hat? Von dieser Welt können wir überhaupt nichts aussagen außer das Eine, wie sie mit Geist begabten Lebewesen erscheint oder erscheinen könnte, deren geistige Veranlagung nicht wesentlich von der unseren abwiche.

Die Frage läßt aber noch eine Lösung zu. Fassen wir zwei denkende Wesen ins Auge, die uns ähnlich sind und die Welt in zwei verschiedenen Zeitpunkten beobachten, die beispielsweise durch Millionen von Jahren voneinander getrennt sind, so wird jeder dieser beiden Denker sich eine Wissenschaft aufbauen, die ein System der von den beobachteten Tatsachen abgeleiteten Gesetze darstellen wird. Es ist wahrscheinlich, daß diese beiden Wissenschaften außerordentlich verschieden geartet sein werden, und in diesem Sinne würde man sagen können, daß die Gesetze sich verändert haben. So groß aber auch die Abweichungen wären, man könnte sich stets eine Intelligenz von gleicher Art wie die unsere aber von tieferem Einblick oder längerer Lebensdauer vorstellen, die imstande wäre, einen Zusammenhang herzustellen, und beide Forschungsergebnisse in einer einzigen Formel zu vereinigen. Diese würde beide näherungsweisen und bruchstückhaften Formeln ganz in sich enthalten, zu denen die beiden erwähnten Forscher in der kurzen Zeitspanne, die ihnen zu Gebote stand, gekommen waren.

Für diesen Geist werden die Gesetze sich nicht geändert haben, die Wissenschaft wird ihm unwandelbar erscheinen, lediglich die beiden Forscher wird er als unvollkommen unterrichtet hinstellen.

Um einen geometrischen Vergleich zu wählen, wollen wir annehmen, man könnte den ganzen Weltverlauf durch eine analytische Kurve darstellen. Jeder von uns kann nur ein außerordentlich kleines Stück der Kurve überblicken; würde er es exakt kennen, so würde es für ihn hinreichen, um die Gleichung der Kurve aufzustellen, und um sie beliebig weit verlängern zu können. Aber man hat nur eine unvollkommene Kenntnis dieses Bogenstücks, und kann sich daher über die Gestalt der Gleichung täuschen: sucht man die Kurve zu verlängern, so wird der von uns geführte Linienzug sich von der wirklichen Kurve unterscheiden, und zwar umsomehr, je kürzer das bekannte Bogenstück ist, und je weiter man die Kurve von jener Stelle aus fortführen will. Ein anderer Beobachter würde nur ein anderes Bogenstück und zwar ebenso unvollkommen kennen.

Gesetzt, die beiden Forscher haben ein beschränktes Dasein und sind einer weit vom anderen gestellt, dann werden die beiden Linienverlängerungen sich kreuzen und nicht zusammenstimmen; aber ein Beobachter von längerer Lebensdauer, der ein längeres Kurvenstück unmittelbar beobachten könnte, wäre trotzdem imstande, die beiden Bogenstücke zu einem einzigen zusammenzufassen, er wäre imstande, eine genauere Formel aufzustellen, welche die beiden voneinander abweichenden Formeln zu einer Übereinstimmung brächte; und, so verwickelt die wirkliche Kurve auch sei, stets wird es eine analytische Kurve geben, die in einem beliebig großen Bereich von jener um weniger als einen vorgegebenen Betrag abweicht.

Ohne Zweifel wird es viele Leser befremden, daß ich immer wieder den Weltverlauf durch ein System einfacher Symbole zu ersetzen trachte. Dies ist nicht bloß etwa eine Berufsgewohnheit des Mathematikers; die Natur des Gegenstandes zwingt mich aber durchaus zu diesem Vorgehen. Die Bergsonsche Welt hat keine Gesetze; die Welt, die Gesetze besitzt, ist bloß das mehr oder weniger umgeformte Bild, das sich die Gelehrten von ihr gebildet haben. Wenn man sagt, daß die Natur von Gesetzen beherrscht wird, so meint man, daß dieses Bild noch hinreichend mit ihr übereinstimmt. Und nur dieses Bild dürfen wir zum Gegenstand unserer Überlegung machen, wenn wir nicht Gefahr laufen wollen, daß sich sogar der bloße Begriff des Gesetzes verflüchtigt, der unserer Untersuchung zugrunde liegt. Dies Bild aber ist zerlegbar; man kann es in seine Elemente zerlegen, man kann diese oder jene äußeren Momente, unabhängige Bestandteile unterscheiden. Wenn ich das Bild auf das Äußerste vereinfacht und die Zahl seiner Bestandteile möglichst herabgesetzt habe, so bedeutet das nur einen graduellen Unterschied; es ändert aber nichts an der Natur und der Tragweite meiner Betrachtungen; nur die Darstellung wurde dadurch kürzer.

2. Raum und Zeit.

Eine der Ursachen, die mich veranlaßt haben, auf eine Frage zurückzukommen, die ich schon so oft behandelt habe, ist die Umwälzung, die letzthin in unseren Ansichten über Mechanik vor sich gegangen ist. Ist das Relativitätsprinzip, so wie es Lorentz versteht, nicht im Begriffe, uns eine durchaus neue Vorstellung von Raum und Zeit nahezulegen und uns zu zwingen, Schlußfolgerungen fallen zu lassen, die bereits gesichert schienen? Wir haben gesagt, daß die Geometrie zwar zweifellos auf Grundlage von Erfahrungstatsachen ersonnen ist, aber in keinem Abhängigkeitsverhältnis zu ihr steht, derart, daß, wenn sie einmal aufgestellt ist, sie vor jeder Revision geschützt ist und sich außer der Reichweite neuerlicher Angriffe seitens der Erfahrungstatsachen befindet. Scheinen nun aber die Beobachtungen, auf die die neue Mechanik gegründet ist, sie nicht erschüttert zu haben? Um zu sehen, was man davon halten muß, bin ich gezwungen, kurz auf einige Grundgedanken zurückzugreifen, die ich in meinen früheren Schriften klarzulegen versucht habe.

Zunächst habe ich die Vorstellung zurückgewiesen, daß es einen sogenannten Raumsinn gebe, der uns veranlassen würde, unsere Sinneswahrnehmungen stets im Raume zu lokalisieren, dessen Kenntnis aller Erfahrung vorausgehe und der schon vor aller Erfahrung alle Eigenschaften des geometrischen Raumes besitze. Was ist dieser sogenannte Raumsinn in Wirklichkeit? Was für eine Beobachtung stellen wir an, wenn wir wissen wollen, ob irgend ein Geschöpf ihn besitzt? Wir bringen irgendwelche von ihm begehrte Gegenstände in seine Umgebung und beobachten, ob es, ohne umherzutappen, Bewegungen auszuführen vermag, die ihm den Gegenstand zu erfassen gestatten. Und wie wissen wir, daß die anderen Menschen mit diesem kostbaren Raumsinn ausgestattet sind? Darum, weil auch sie imstande sind, Muskelbewegungen auszuführen, um Gegenstände zu erreichen, deren Vorhandensein ihnen durch gewisse Sinneswahrnehmungen zur Kenntnis gelangte. Und was ist es anderes, wenn wir den Raumsinn in unserem eigenen

2. Raum und Zeit.

Bewußtsein feststellen? Auch in diesem Falle wissen wir, daß wir bei Gegenwart verschiedener Sinneswahrnehmungen imstande sind, Bewegungen auszuführen, die uns die Gegenstände, die wir als die Ursache der Sinnesempfindungen ansehen, zu erreichen gestatten, und ferner, die Empfindungen zu beeinflussen, sie zum Verschwinden zu bringen oder sie zu steigern. Der einzige Unterschied ist nur der, daß wir, um diese Erfahrung zu machen, es nicht nötig haben, die Bewegungen wirklich auszuführen; es genügt, sie uns vorzustellen. Dieser Raumsinn, den die Vernunft zu erfassen unfähig wäre, könnte nur irgend eine Macht sein, die in den Tiefen des Unterbewußtseins ruht, und diese Macht könnte uns daher nicht anders bekannt werden, als durch die Tathandlungen, die sie hervorruft; und dies sind gerade die Bewegungen, von denen wir eben gesprochen haben. Der Raumsinn schrumpft also zusammen zu einer stets gemeinsam auftretenden Gruppe von gewissen Sinneswahrnehmungen und gewissen Bewegungen oder den Vorstellungen dieser Bewegungen. (Ist es noch nötig, um eine immer von neuem sich ergebende Zweideutigkeit zu verhüten, nochmals zu wiederholen, daß ich darunter nicht die Vorstellung der Bewegungen im Raume verstehe, sondern die Vorstellung der Sinnesempfindungen, die sie begleiten?)

Warum nun und in welchem Maße ist der Raum

relativ? Es ist einleuchtend, daß, wenn alle Gegenstände unserer Umgebung und unser Körper selbst, ebenso wie unsere Meßinstrumente an eine andere Stelle des Raumes gebracht würden, ohne ihre gegenseitige Entfernung zu verändern, wir dies nicht wahrnehmen würden; und dies geschieht in der Tat, indem wir, ohne eine Spur einer Empfindung davon zu haben, an der Bewegung der Erde teilnehmen. Würden alle Körper im selben Verhältnis größer und in gleicher Weise unsere Meßwerkzeuge, so würden wir davon nicht das Geringste wahrnehmen. Wir können so nicht nur die absolute Lage eines Körpers im Raume nicht kennen, dergestalt, daß der Ausdruck „absolute Lage eines Objekts" gar keinen Sinn hat und nur von der Lage in bezug auf andere Objekte gesprochen werden kann — sondern auch die Bezeichnungen „absolute Größe", „absolute Entfernung" zweier Punkte haben keinen Sinn; man darf nur von dem Verhältnis zweier Größen, von dem Verhältnis zweier Entfernungen sprechen. Aber noch mehr: nehmen wir an, daß alle Körper nach irgend einem bestimmten Gesetze, das verwickelter sei als die vorgenannten, kurz nach irgend einem beliebigen Gesetze, Gestaltsänderungen erleiden würden, und daß gleichzeitig unsere Meßinstrumente nach demselben Gesetze sich verändert hätten, so wären wir nicht im geringsten imstande, auch diese Veränderungen wahrzunehmen, so daß also der Raum in noch

weit höherem Maße relativ ist, als man gemeinhin
denkt. Wir können lediglich solche Gestaltsänderungen der Gegenstände feststellen, die sich von
den gleichzeitigen Gestaltsänderungen unserer Meßapparate unterscheiden.

Unsere Meßinstrumente sind starre Körper; oder
vielmehr sie sind aus mehreren festen Körpern gebildet, deren Bestandteile gegeneinander beweglich
sind und deren gegenseitige Verschiebungen durch
Marken angezeigt werden, die an den Körpern angebracht sind, oder durch Zeiger, die sich längs
unterteilter Maßstäbe verschieben. Gerade in der
Ablesung dieser Angaben besteht die Benützung des
Instruments. Wir wissen dann, ob sich unser Meßinstrument nach Art eines vollkommen starren Körpers verhalten hat oder nicht, denn in ersterem Falle
sind die in Rede stehenden Angaben ungeändert.
Unsere Apparate wenden auch Linsen an, mit deren
Hilfe wir Lichtzeiger herstellen, so daß man sagen
kann, auch der Lichtstrahl ist eines unserer Meßwerkzeuge.

Was lehrt uns unsere Raumvorstellung weiter?
Wir haben eben gesehen, daß sie sich auf ein stets
gemeinsames Auftreten gewisser Sinneswahrnehmungen und gewisser Bewegungen beschränkt. Man
kann sagen, daß die Gliedmaßen, mit denen wir die
Bewegungen ausführen, ebenfalls die Rolle von Meßwerkzeugen spielen. Diese Werkzeuge, die weniger

genau sind als die des Gelehrten, genügen uns für das alltägliche Leben, und mit ihnen hat das Kind, hat der ursprüngliche Mensch seinen Raum gemessen oder richtiger gesagt, aufgebaut, mit dem er sich für die Bedürfnisse des täglichen Lebens zufrieden gibt. Unser Körper war unser erstes Meßwerkzeug; wie alle anderen besteht auch er aus festen, gegeneinander beweglichen Teilen, und gewisse Empfindungen setzen uns von den gegenseitigen Verschiebungen der Teile in Kenntnis, so daß wir wie bei einem künstlichen Meßwerkzeug wissen, ob sich unser Leib wie ein vollkommen fester Körper verhalten hat oder nicht. Fassen wir zusammen: unsere Instrumente, die das Kind der Natur, der Forscher seinem Scharfsinn verdankt, enthalten als Grundbestandteile den festen Körper und den Lichtstrahl.

Hat unter diesen Umständen der Raum überhaupt geometrische Eigenschaften, die von den Werkzeugen, die zu seiner Ausmessung gedient haben, unabhängig sind? Er kann, wie wir gesagt haben, einer beliebigen Gestaltsänderung unterworfen werden, ohne daß wir etwas davon merken, wenn nur unsere Meßinstrumente dieser Veränderung gleichfalls unterliegen. In Wirklichkeit ist er daher gestaltlos, eine schlaffe Form ohne Starrheit, die sich allem anschmiegen kann. Er hat keine Eigenschaften an sich. Geometrie treiben heißt demnach, die Eigen-

2. Raum und Zeit.

schaften unserer Meßwerkzeuge, also die Eigenschaften des festen Körpers, studieren.

Da nun aber unsere Meßwerkzeuge unvollkommen sind, müßte die Geometrie sich jedesmal ändern, wenn jene sich vervollkommnet hätten; die Konstrukteure müßten auf ihre Prospekte setzen können: „Ich liefere einen Raum, der weit besser ist als der meiner Konkurrenz, viel einfacher, viel bequemer, viel geräumiger!" Wir wissen, daß dem nicht so ist; wir werden also versucht sein zu sagen, daß die Geometrie das Studium der Eigenschaften sei, die unsere Meßwerkzeuge hätten, wenn sie vollkommen wären. Aber dazu wäre es notwendig zu wissen, was ein vollkommenes Werkzeug ist, und wir werden es nicht wissen, bevor wir nicht eines haben, und wir könnten es nicht definieren als mit Hilfe der Geometrie; das wäre aber ein circulus vitiosus. Wir werden also sagen, daß die Geometrie die Erforschung eines Systems von Gesetzen ist, die sich nur wenig von denen unterscheiden, die unsere Instrumente wirklich befolgen, die aber sehr viel einfacher sind; Gesetze, die zwar nicht wirklich ein Naturobjekt regieren, die aber dem Verstande einleuchten. In diesem Sinne ist die Geometrie eine Sache der Übereinkunft, eine Art Ausgleich zwischen unserer Vorliebe für das Einfache und zwischen unserem Streben, uns nicht zu weit von dem zu entfernen, was uns unsere Instrumente lehren. Diese Übereinkunft erklärt gleichzeitig den Raum und das vollkommene Instrument.

Das, was wir über den Raum gesagt haben, läßt sich auch auf die Zeit anwenden. Ich will hier nicht von der Zeit sprechen, wie sie die Schüler Bergsons auffassen, von jener Dauer, die, weit entfernt eine Quantitätsgröße bar aller Qualität zu sein, sozusagen die Qualität selbst ist, deren einzelne Bestandstücke, die sich gegenseitig teilweise durchdringen, sich qualitativ voneinander unterscheiden. Eine solche Dauer könnte kein Hilfsmittel in der Hand des Forschers sein; diese Rolle kann sie nur spielen, wenn sie einer tiefgreifenden Umformung unterzogen, wenn sie „verräumlicht" wird, wie Bergson sagt. Sie mußte meßbar werden; was nicht gemessen werden kann, kann auch nicht Gegenstand der Forschung sein. Nun, die meßbare Zeit ist auch wesentlich relativ. Würden sich alle Vorgänge verlangsamen, und wäre dasselbe mit unseren Uhren der Fall, dann würden wir es nicht wahrnehmen, wie beschaffen auch das Gesetz der Verlangsamung sei, wenn es nur für alle Arten von Vorgängen und für alle Uhren das gleiche wäre. Die Eigenschaften der Zeit sind nichts anderes, als die der Uhren, so wie die Eigenschaften des Raumes nichts anderes sind als die der Meßinstrumente.

Das ist aber noch nicht alles; die psychologische Zeit, die Bergsonsche Dauer, aus der die Zeit des

Naturforschers hervorgegangen ist, dient dazu, Vorgänge einzureihen, die sich in einem und demselben Bewußtsein abspielen; sie ist unvermögend, zwei psychologische Phänomene, die sich in getrennten Bewußtseinsinhalten abspielen, und a fortiori zwei physikalische Phänomene einzuordnen. Ein Vorgang ereigne sich auf der Erde, ein anderer am Sirius; wie werden wir wissen, ob der erstgenannte sich früher, gleichzeitig oder später ereignet hat? Dies kann nur durch eine Übereinkunft geschehen.

Man kann aber die Relativität von Raum und Zeit noch von einem ganz anderen Gesichtspunkt aus ansehen. Betrachten wir die Gesetze, denen die Welt unterworfen ist; sie können durch Differentialgleichungen ausgedrückt werden. Wir stellen nun fest, daß die Gleichungen keine Änderung erfahren, wenn man die rechtwinkligen Koordinatenachsen verlegt, vorausgesetzt, daß es sich um feste Achsen handelt; ebenso auch nicht, wenn man den Anfangspunkt der Zeitmessung ändert, oder wenn man die rechtwinkligen, festen Achsen durch ein Achsensystem ersetzt, das sich in geradliniger, gleichförmiger Bewegung befindet. Es sei mir gestattet, die Relativität eine p s y c h o l o g i s c h e zu nennen, wenn sie von dem ersten Standpunkt ins Auge gefaßt wird, und eine p h y s i k a l i s c h e, wenn es von dem zweiten Standpunkt aus geschieht.

Aus allem folgt, wie man sieht, daß die physikalische Relativität sehr wesentlich gegenüber der psychologischen eingeschränkt ist. Wir sagten zum Beispiel, daß nichts geändert wäre, wenn man alle Längen mit derselben Konstanten multiplizieren würde, nur vorausgesetzt, daß die Multiplikation sich in gleicher Weise auf alle Objekte und alle Meßapparate erstrecke. Wenn wir aber alle Koordinaten mit derselben Konstanten multiplizieren würden, so könnten unsere Differentialgleichungen sich geändert haben. Dies wäre der Fall, wenn man sie auf bewegliche, rotierende Achsen bezöge, da man dann die gewöhnliche und die zusammengesetzte Fliehkraft einführen müßte. So kommt es, daß der Foucaultsche Versuch die Erddrehung nachweisen konnte. Es liegt darin etwas, woran sich unsere Vorstellung von der Relativität des Raumes stößt, eine Vorstellung, die auf der psychologischen Relativität aufgebaut ist und diese Disharmonie erschien vielen Denkern sehr verwirrend.

Untersuchen wir nun die Frage etwas näher. Alle Teile des Weltganzen hängen miteinander zusammen und selbst was in Siriusweiten sich abspielt, ist nicht vollkommen ohne Einfluß auf die Vorgänge bei uns. Wenn wir also die Differentialgleichungen, nach denen das Weltgeschehen sich vollzieht, ansetzen wollten, so müßten diese Gleichungen entweder notwendigerweise unexakt sein oder sie müßten von

2. Raum und Zeit.

dem Zustande der ganzen Welt abhängen. Es gibt kein Gleichungssystem für die irdische Welt und ein anderes für die Welt des Sirius sondern nur ein einziges, das sich auf das gesamte Universum bezieht.

Nun sind die Differentialgleichungen nicht unmittelbare Ergebnisse unserer Beobachtungen. Die unmittelbare Übersetzung der beobachtbaren Erscheinungen bilden endliche Gleichungen, und aus denen sich die Differentialgleichungen durch Differentiation herleiten. Die Differentialgleichungen werden nicht geändert, wenn man eine der vorbesprochenen Achsenänderungen vornimmt; nicht das gleiche ist aber bei den endlichen Gleichungen der Fall; eine Änderung der Achsen würde uns in der Tat zwingen, die Werte der Integrationskonstanten zu ändern. Das Relativitätsprinzip bezieht sich daher nicht auf die unmittelbar beobachtbaren endlichen Gleichungen, sondern auf die Differentialgleichungen.

Wie kann man nun von den endlichen Gleichungen zu den Differentialgleichungen übergehen, von denen jene die Integrale sind? Man muß mehrere partikuläre Integrale, die sich durch die den Integrationskonstanten beigelegten Werte unterscheiden, kennen, um die Konstanten durch Differentiation zu eliminieren. Eine einzige dieser Lösungen ist in der Welt realisiert, obwohl eine unbegrenzte Anzahl von möglichen Lösungen vorhanden ist; um die Differentialgleichungen aufzustellen, müßte man nicht nur wissen, was wirklich vorhanden, sondern was überhaupt möglich ist.

Wenn wir nun nur ein System von Gesetzen haben, das sich auf das ganze Universum erstreckt, so wird uns auch die Beobachtung nur eine einzige Lösung liefern können, eben die, die realisiert ist; denn das Universum ist nur in einem einzigen Exemplar ausgeführt. Dies ist die erste Schwierigkeit.

Zufolge der psychologischen Relativität des Raumes können wir ferner nur das beobachten, was unsere Apparate zu messen imstande sind; sie werden uns beispielsweise die Entfernungen der Gestirne und anderer Objekte liefern; sie werden uns aber nicht deren Abstände von festen oder beweglichen Achsen angeben, deren Existenz einzig eine Sache der Übereinkunft ist. Wenn unsere Gleichungen diese Koordinaten enthalten, so geschieht dies auf Grund einer Fiktion, die bequem sein mag, die aber doch nur eine Fiktion ist. Wollen wir, daß unsere Gleichungen unmittelbar das wiedergeben, was wir beobachten, dann müßten die gegenseitigen Entfernungen unter den unabhängig Veränderlichen auftreten, und dann würden die übrigen Veränderlichen von selbst verschwinden. Das wäre unser Prinzip der Relativität, aber es hat dann keinen Sinn mehr; es sagt nur aus, daß wir in unsere Gleichungen Hilfsgrößen, Parasiten, eingeführt haben, die nichts Erfaß-

2. Raum und Zeit.

bares vorstellen, und daß es möglich ist, sie zu eliminieren.

Diese Schwierigkeiten verschwinden, wenn man nicht an absoluter Strenge festhält. Die verschiedenen Teile des Weltganzen hängen zwar alle zusammen, aber, wenn nur der Abstand groß genug ist, so ist die Einwirkung so gering, daß man sie außer Betracht lassen darf; dann verteilen sich unsere Gleichungen auf getrennte Systeme, von denen eines nur die irdische Welt umfaßt, ein anderes die Welt der Sonne, ein anderes die Welt des Sirius oder selbst eine Welt, die so klein ist, daß sie auf dem Arbeitstische des Forschers Platz findet.

Dann aber ist es nicht mehr berechtigt, zu sagen, daß die Welt nur in einem einzigen Exemplar vorhanden ist; in einem Laboratorium können viele Tische sein; es wird möglich sein, eine Beobachtung wieder von vorn anzufangen, indem man die Bedingungen abändert; man wird dann nicht mehr nur eine einzige Lösung kennen, die allein realisiert wäre, sondern eine große Anzahl möglicher Lösungen, und es wird leicht möglich sein, die endlichen Gleichungen in Differentialgleichungen überzuführen.

Andererseits kennen wir nicht nur die gegenseitigen Abstände der verschiedenen Körper einer dieser kleinen Welten, sondern auch ihre Abstände von anderen, benachbarten kleinen Welten. Wir können es nun so einrichten, daß nur die letzteren allein sich ändern, die ersteren aber ungeändert bleiben. Dies läuft dann darauf hinaus, daß wir die Achsen geändert haben, auf die die erstere der beiden kleinen Welten bezogen ist. Die Sterne sind zu weit entfernt, als daß sie unsere irdische Welt merklich beeinflussen könnten, aber wir sehen sie und dank dieses Umstandes können wir die irdische Welt auf Achsen beziehen, die an den Sternen festgelegt sind; wir haben daher ein Mittel, zu gleicher Zeit die gegenseitigen Abstände der irdischen Körper zu messen und ihre Koordinaten in bezug auf ein System, das von der irdischen Welt unabhängig ist. Das Prinzip der Relativität gewinnt so einen Sinn: es wird verifizierbar.

Beachten wir jedenfalls, daß wir dieses Ergebnis nur erhalten haben durch Vernachlässigung gewisser Einwirkungen und daß wir deshalb unser Prinzip nur als eine Annäherung auffassen; wir legen ihm absolute Geltung bei, da wir sehen, daß es tatsächlich richtig bleibt, wie weit auch unsere kleinen Welten voneinander entfernt sein mögen; deshalb sind wir übereingekommen, zu sagen, es habe Geltung für die exakten Gleichungen des Universums. Diese Übereinkunft wird sich niemals als falsch erweisen können, da das Prinzip, auf das gesamte Universum angewendet, eben unverifizierbar ist.

Kehren wir nun zu dem Fall zurück, von dem wir eben gesprochen haben; ein System sei einmal

2. Raum und Zeit.

auf ruhende, ein andermal auf rotierende Achsen bezogen; werden die Gleichungen, die das System beherrschen, sich ändern? Jawohl, antwortet die gewöhnliche Mechanik; aber ist das erschöpfend? Was wir beobachten, sind nicht die Koordinaten der Körper, sondern ihre gegenseitigen Abstände. Wir werden daher versuchen können, die Gleichungen zu bilden, denen jene Abstände gehorchen, indem wir die übrigen Größen, die nur Hilfsvariable und der Beobachtung unzugänglich sind, eliminieren. Diese Elimination ist stets möglich; nur gelangen wir, wenn wir die Koordinaten beibehalten, zu Differentialgleichungen zweiter Ordnung; die Gleichungen hingegen, die wir nach Ausschaltung dessen, was nicht beobachtbar ist, erhalten, werden von dritter Ordnung sein; sie werden daher einer größeren Mächtigkeit von Möglichkeiten Raum geben. Dann aber fügt sich das Prinzip der Relativität auch diesem Falle ein; geht man von ruhenden zu rotierenden Achsen über, so ändern sich die Gleichungen dritter Ordnung nicht. Das, was sich ändert, sind die Gleichungen zweiter Ordnung, die die Koordinaten definieren. Da die letzteren sozusagen die Integralgleichungen der ersteren sind, enthalten sie, wie alle Integralgleichungen, die aus Differentialgleichungen hergeleitet sind, eine Integrationskonstante, und diese Konstante ist es, die sich ändert, wenn man von ruhenden zu rotierenden Achsen übergeht. Da wir aber unser System als vollkommen isoliert im Raume betrachten, sobald wir es als das gesamte Universum ansehen, haben wir kein Mittel, um festzustellen, ob es rotiert; es sind daher wohl die Gleichungen dritter Ordnung die, die unsere Beobachtungen zum Ausdruck bringen.

Anstatt das gesamte Universum zu betrachten, fassen wir jetzt die kleinen Teil-Welten ins Auge, die aufeinander keine mechanischen Wirkungen ausüben, von denen aber die eine für die andere sichtbar ist. Rotiert eine dieser Welten, so werden wir sehen, daß sie es tut; wir werden den Wert kennen, den wir der eben besprochenen Konstanten entsprechend der Umdrehungsgeschwindigkeit beizulegen haben, und aus diesem Grunde erweist sich die Übereinkunft als berechtigt, die gewöhnlich von den Vertretern der Mechanik gemacht wird.

Man sieht daraus, was der Sinn des physikalischen Relativitätsprinzips ist; es ist nicht eine bloße Übereinkunft. Es ist der Verifikation fähig und hätte sich demnach auch nicht bewahrheiten können. Es ist eine experimentelle Tatsache; was ist nun der Sinn dieser Tatsache? Es ist leicht, aus ihm die vorausgegangenen Überlegungen abzuleiten. Es sagt aus, daß die gegenseitige Einwirkung zweier Körper gegen Null konvergiert, wenn sie sich unbegrenzt voneinander entfernen; daß zwei entfernte Welten sich so verhalten, als ob sie voneinander unabhängig

2. Raum und Zeit.

wären. Man sieht nun besser ein, warum das physikalische Prinzip der Relativität eine geringere Ausdehnung hat als das psychologische; es ist nicht eine bloße Denknotwendigkeit; es ist eine Erfahrungstatsache und die Erfahrung setzt ihr Schranken.

Das physikalische Relativitätsprinzip kann dazu dienen, den Raum zu definieren; es gibt uns auch ein neues Meßinstrument an die Hand. Ich will mich ausführlicher ausdrücken: Wieso konnte uns der feste Körper dazu dienen, zu messen, oder vielmehr den Raum aufzubauen? Dadurch, daß wir einen festen Körper aus einer Lage in eine andere bringen, können wir feststellen, daß er sich zunächst mit einer Figur und dann mit einer anderen zur Deckung bringen läßt und wir kommen überein, diese beiden Figuren als gleich anzusehen. Aus dieser Übereinkunft entspringt die Geometrie. Jeder möglichen Lageänderung des festen Körpers entspricht auch eine Transformation des Raumes selbst, die die Gestalt und Größe der Figuren ungeändert läßt; und die Geometrie ist nichts als die Kenntnis der gegenseitigen Beziehungen dieser Transformationen, oder, um die Sprechweise der Mathematik zu gebrauchen, sie ist das Studium der Struktur der Gruppe der Bewegungen des festen Körpers.

Dies vorausgesetzt, gibt es noch eine andere Gruppe, die der Transformationen, denen gegenüber unsere Differentialgleichungen invariant bleiben. Es gibt noch einen anderen Weg, um die Gleichheit zweier Figuren zu definieren: Wir werden nicht mehr sagen: zwei Figuren sind gleich, wenn ein fester Körper sich mit der einen und dann mit der anderen zur Deckung bringen läßt; sondern: zwei Figuren sind gleich, wenn ein und dasselbe mechanische System, das von benachbarten Systemen hinreichend entfernt ist, um als isoliert angesehen werden zu können, zunächst auf die Form gebracht, in der seine verschiedenen Massenpunkte die erstere Figur darstellen und dann auf die, in der sie die andere darstellen, sich in gleicher Weise verhält.

Unterscheiden sich diese beiden Auffassungen wesentlich voneinander? Nein; ein fester Körper nimmt seine Gestalt an unter dem Einfluß der gegenseitigen Anziehungs- und Abstoßungskräfte seiner einzelnen Moleküle; und dieses Kräftesystem muß sich im Gleichgewicht befinden. Den Raum in der Weise zu definieren, daß ein fester Körper seine Gestalt bei jeder Verschiebung beibehält, heißt ihn in der Weise festlegen, daß die Gleichungen des Gleichgewichts dieses Körpers durch eine Veränderung der Achsen ungeändert bleiben. Diese Gleichgewichtsbedingungen nun sind nur ein besonderer Fall der allgemeinen Gleichungen der Dynamik, die nach dem physikalischen Relativitätsprinzip durch eine Achsentransformation nicht geändert werden dürfen.

2. Raum und Zeit.

Ein fester Körper ist ein mechanisches System wie ein anderes; der einzige Unterschied zwischen unserer alten Raumdefinition und der neuen ist, daß diese etwas umfassender ist, in dem Sinne, daß sie uns gestattet, den festen Körper durch irgend ein beliebiges anderes mechanisches System zu ersetzen. Ferner definiert die neue Übereinkunft nicht nur den Raum, sie definiert auch die Zeit. Sie lehrt uns, was es bedeutet, daß zwei Augenblicke gleichzeitig sind, daß zwei Zeitspannen gleich lang sind oder daß die eine doppelt so lang ist als die andere.

Eine letzte Bemerkung: Das physikalische Relativitätsprinzip haben wir als eine Experimentaltatsache bezeichnet, mit demselben Rechte wie die Eigenschaften des festen Körpers. Wie diese ist es einer unablässigen Revision unterworfen; die Geometrie nun muß dieser Revision entzogen sein; damit sie selbst wieder zur Konvention werde, ist es notwendig, daß das Relativitätsprinzip als Konvention betrachtet werde. Wir haben gesagt, was sein experimenteller Sinn ist; es sagt uns, daß die gegenseitige Einwirkung weit entfernter Systeme gegen Null konvergiert, wenn man ihren Abstand unbegrenzt vergrößert. Die Erfahrung lehrt uns, daß dies mit großer Annäherung richtig ist, sie kann uns aber nicht sagen, ob es exakt richtig ist, denn der Abstand zweier Systeme bleibt stets endlich.

Nichts hindert uns, anzunehmen, daß die Richtigkeit eine vollkommene ist. Selbst dann wäre kein Hindernis hierfür vorhanden, wenn die Erfahrung anfangs dem zu widersprechen schiene. Nehmen wir an, es habe sich gezeigt, daß die gegenseitige Einwirkung, nachdem sie zunächst bei wachsender Entfernung kleiner geworden war, bei weiterem Anwachsen der Entfernung wieder zunehme. Nichts würde uns in diesem Falle hindern, anzunehmen, daß für noch größere Entfernungen die Wirkung neuerlich abnimmt, um endgültig gegen Null zu konvergieren. Das Prinzip selbst erscheint uns mithin als eine Übereinkunft und ist mithin Angriffen seitens der Erfahrung entzogen. Es handelt sich um eine Übereinkunft, die uns durch die Erfahrung nahegelegt wird, für die wir uns aber aus freien Stücken entscheiden.

Worin besteht also die Umwälzung, die wir den neuesten Fortschritten der Physik verdanken? Das Prinzip der Relativität in seiner alten Gestalt mußte fallen gelassen werden und wurde ersetzt durch das Relativitätsprinzip von Lorentz. Die Gruppe der Lorentztransformationen besitzt die Eigenschaft, die Differentialgleichungen der Dynamik ungeändert zu lassen. Nehmen wir an, unser System sei nicht auf feste Achsen, sondern auf Achsen, denen eine fortschreitende Bewegung zukommt, bezogen, so folgt mit Notwendigkeit, daß alle Körper eine Gestaltsänderung erleiden. Eine Kugel z. B. wird zu einem

2. Raum und Zeit.

Ellipsoid, dessen kleine Achse mit der Bewegungsrichtung des Achsensystems übereinstimmt. Es folgt weiter, daß auch der Zeitbegriff selbst eine durchgreifende Änderung erfahren hat. Betrachten wir zwei Beobachter, von denen der eine auf ein festes, der andere auf ein bewegtes Achsensystem sich bezieht, die aber beide glauben, sich in Ruhe zu befinden. Ein Körper, den der eine als Kugel ansieht, erscheint dem anderen als Ellipsoid. Ja noch mehr: Zwei Geschehnisse, die der erstere als gleichzeitig bezeichnet, sind es nicht mehr für den letzteren.

Alles Geschehen läuft so ab, als ob die Zeit eine vierte Dimension des Raumes wäre und als ob der vierdimensionale Raum, der sich aus der Zusammenstellung des gewöhnlichen Raumes und der Zeit ergibt, nicht nur um eine Achse des gewöhnlichen Raumes gedreht werden könnte, derart, daß die Zeit sich nicht ändert, sondern um eine ganz beliebige Achse. Damit der Vergleich mathematisch einwandfrei ist, müßten dieser vierten Raumkoordinate rein-imaginäre Werte beigelegt werden; die vier Punktkoordinaten unseres neuen Raumes wären also nicht x, y, z und t, sondern x, y, z und $t\sqrt{-1}$. Aber ich will bei diesem Punkt nicht weiter verweilen; wesentlich ist, daß nach der neuen Vorstellung Raum und Zeit nicht mehr zwei durchaus wesensverschiedene Dinge sind, die man getrennt ins Auge fassen kann, sondern zwei Seiten einer und derselben Sache, die so eng miteinander verknüpft sind, daß man sie nicht leicht mehr trennen kann.

Noch eine andere Bemerkung. Ich habe früher einmal die Beziehung zwischen zwei Ereignissen, die sich auf verschiedenen Schauplätzen abspielen, dadurch festzulegen versucht, daß ich sagte, daß das Ereignis als das frühere anzusehen ist, das Ursache des anderen sein könnte. Diese Definition wird unzulänglich; denn nach der neueren Mechanik gibt es keine Wirkung, die sich augenblicklich fortpflanzt; die größte Fortpflanzungsgeschwindigkeit ist die des Lichtes. Unter diesen Umständen kann es eintreten, daß (zufolge bloßer Betrachtung von Raum und Zeit) ein Ereignis A weder Wirkung noch Ursache des Ereignisses B sein kann, wenn der örtliche Abstand, in dem sie sich abspielen, so groß ist, daß das Licht in der zur Verfügung stehenden Zeit weder vom Orte B nach dem Orte A, noch vom Orte A nach dem Orte B sich fortpflanzen konnte.

Welche Stellung haben wir nun angesichts der neuen Vorstellungen einzunehmen? Sind wir gezwungen, unsere Schlußfolgerungen umzuformen? Gewiß nicht! Wir haben eine Übereinkunft angenommen, weil sie uns bequem schien, und gesagt, daß nichts uns zwingen könnte, sie aufzugeben. Heute wollen manche Physiker eine neue Übereinkunft annehmen. Nicht, als ob sie dazu gezwungen wären; sie sind der Ansicht, daß diese Übereinkunft bequemer ist; das ist alles. Wer nicht dieser Ansicht ist, kann mit voller Berechtigung bei der alten bleiben, um sich nicht in seinen gewohnten Vorstellungen stören zu lassen. Ich glaube, unter uns gesagt, daß man es noch lange Zeit tun wird.

---

3. Warum der Raum dreidimensional ist.

§ 1. — Die Analysis situs und das Kontinuum.

Man unterscheidet im allgemeinen zwei Arten von Geometrie, die messende und die projektive. Die messende Geometrie baut sich auf dem Begriff des Abstandes auf; zwei Gebilde werden dort als gleichwertig angesehen, wenn sie „gleich" sind in dem Sinne, den die Mathematiker diesem Worte beilegen. Die projektive Geometrie ruht auf dem Begriff der geraden Linie. Zur Äquivalenz zweier Gebilde ist es hier nicht notwendig, daß sie gleich sind, sondern nur, daß sie sich durch eine projektive Transformation auseinander herleiten lassen, daß das eine sozusagen ein perspektivisches Bild des anderen ist. Oft hat man diesen zweiten Teil der Wissenschaft als qualitative Geometrie bezeichnet; er ist es auch wirklich, wenn man ihn dem ersten gegenüberstellt, denn es ist klar, daß das Maß, also die Quantität, hier keine so wichtige Rolle spielt. Es ist indes nicht

3. Warum der Raum dreidimensional ist.

durchaus so. Die Tatsache, daß eine Linie eine Gerade ist, ist nicht rein qualitativ; man kann nicht feststellen, daß eine Linie eine Gerade ist, ohne eine Messung auszuführen, oder ein Instrument an ihr entlang gleiten zu lassen, daß man als Lineal bezeichnet und das auch eine Art Meßwerkzeug darstellt.

Aber es gibt noch einen dritten Zweig der Geometrie, in dem die Quantität vollkommen beiseite gesetzt ist und der rein qualitativ ist, die Analysis situs. In dieser Wissenschaft sind zwei Gebilde immer dann gleichwertig, wenn man von dem einen zu dem andern durch eine stetige Gestaltsänderung gelangen kann, wie beschaffen auch das Gesetz, nach dem die Gestaltsänderung erfolgt, sein mag, sobald es nur die Bedingung der Stetigkeit erfüllt. So ist ein Kreis gleichwertig einer Ellipse oder selbst einer beliebigen in sich geschlossenen Kurve; er ist aber nicht gleichwertig einem begrenzten Stück einer Geraden, weil dieses nicht in sich geschlossen ist. Eine Kugel ist einer beliebigen konvexen Oberfläche gleichwertig; aber nicht einem Wulst, denn ein Wulst hat ein Loch und eine Kugel hat kein Loch. Denken wir uns irgend eine beliebige Vorlage und die Wiedergabe eben dieser Vorlage durch einen ungeschickten Zeichner; die Verhältnisse sind verändert, die Geraden, die eine unsichere Hand gezogen hat, haben wunderliche Abweichungen erfahren und

3. Warum der Raum dreidimensional ist. 57

zeigen verunglückte Krümmungen. Wie vom Standpunkt der messenden, so von dem der projektiven Geometrie sind diese beiden Gebilde nicht gleichwertig; sie sind es jedoch vom Standpunkt der Analysis situs.

Die Analysis situs ist für die Geometrie außerordentlich wichtig; sie schenkt ihr eine Reihe von Sätzen, die ebensogut miteinander verkettet sind wie die des Euklid. Aus der Gesamtheit ihrer Sätze hat Riemann eine der bemerkenswertesten und tiefgründigsten Theorien der reinen Analysis aufgebaut. Ich führe zwei ihrer Lehrsätze an, um das Wesen der Sache klar zu machen: Zwei ebene in sich geschlossene Kurven schneiden sich in einer geraden Anzahl von Punkten; wenn ein Polyeder konvex ist, das heißt, wenn jede auf seiner Oberfläche gezogene, in sich geschlossene Kurve die Oberfläche in zwei getrennte Teile zerschneidet, so ist die Zahl der Kanten gleich der der Ecken mehr der der Flächen, vermindert um 2. Dieser Satz bleibt richtig, auch wenn die Kanten und die Flächen irgendwie gekrümmt sind.

Was nun gerade die Analysis situs für uns von Wichtigkeit erscheinen läßt, ist das, daß gerade sie die wirkliche geometrische Anschauung vermittelt. Wenn man bei einem Lehrsatz der messenden Geometrie sich auf diese Anschauung beruft, so geschieht es, weil es unmöglich ist, die metrischen Eigenschaften eines Gebildes losgelöst von seinen qualitativen Eigenschaften zu untersuchen, also von jenen, die das eigentliche Gebiet der Analysis situs bilden. Man hat oft gesagt, daß die Geometrie die Kunst ist, gute Überlegungen über schlecht gemachte Figuren anzustellen. Das ist keine Schnurre, sondern eine Wahrheit, die des Nachdenkens lohnt. Was ist nun eine schlecht gemachte Figur? Es ist eine solche, wie sie der ungeschickte Zeichner anfertigen könnte, von dem wir eben gesprochen haben. Er verändert mehr oder weniger gröblich die Verhältnisse; seine Geraden sind unruhige Zickzacklinien; seine Kreise haben mißgestaltete Buckel. All das aber macht nichts aus, es wird den Geometer nicht stören und ihn nicht hindern, richtige Überlegungen daran anzustellen.

Aber unser unerfahrener Zeichner darf nicht eine geschlossene Kurve durch eine offene wiedergeben, oder drei Linienzüge, die sich in einem Punkte schneiden, durch drei andere, die keinen Punkt gemeinsam haben, oder eine Oberfläche, die eine Öffnung hat, durch eine Oberfläche ohne Öffnung. Dann könnte man sich seiner Zeichnung nicht mehr bedienen, und die Betrachtung wäre unmöglich geworden. Die Anschauung wäre nicht gestört worden durch Fehler in der Zeichnung, die die messende oder die projektive Geometrie angehen, sie wird aber un-

3. Warum der Raum dreidimensional ist.

möglich, sobald sich die Fehler auf die Analysis situs beziehen.

Diese außerordentlich einfache Betrachtung lehrt uns die wirkliche Rolle der geometrischen Anschauung kennen; um diese Anschauung zu unterstützen, hat es der Geometer nötig, seine Gebilde aufzuzeichnen, oder sie wenigstens im Geiste vorzustellen. Wenn er sich nun über die metrischen oder projektivischen Eigenschaften seiner Figuren hinwegsetzt und sich lediglich an ihre rein qualitativen Eigenschaften hält, so geschieht es, weil nur sie in Wahrheit die geometrische Anschauung vermitteln. Nicht als ob ich sagen wollte, die metrische Geometrie beruhe auf der Logik allein und vermittle gar keine Tatsachen der Anschauung; aber es sind Anschauungen einer anderen Art, ähnlich denen, die eine wesentliche Rolle in der Arithmetik und Algebra spielen.

Die Grundvoraussetzung der Analysis situs ist, daß der Raum ein dreidimensionales Kontinuum ist. Den Ursprung dieser Voraussetzung habe ich an anderer Stelle untersucht, aber in sehr gedrängter Form, und es erscheint mir nicht nutzlos, darauf im einzelnen zurückzukommen, um gewisse Punkte klarzustellen.

Der Raum ist relativ; ich will damit sagen, daß wir nicht nur an eine andere Stelle des Raumes geschafft werden könnten, ohne es wahrzunehmen (und es geschieht tatsächlich, indem wir die Fortbewegung der Erde nicht merken), daß nicht nur alle Maße der Gegenstände im selben Verhältnis vergrößert werden könnten, ohne daß wir es wüßten, wenn nur unsere Meßwerkzeuge an dieser Vergrößerung teilnehmen; sondern ich will vielmehr sagen, daß der Raum nach einem ganz beliebigen Gesetz verändert werden könnte, vorausgesetzt, daß auch alle unsere Meßapparate genau derselben Veränderung unterliegen würden.

Diese Veränderung könnte **ganz beliebig** sein, sie müßte indessen eine stetige sein, also sozusagen eine solche Veränderung, die ein Gebilde in ein anderes, vom Standpunkte der Analysis situs äquivalentes Gebilde verwandelt. Der Raum hat, unabhängig von unseren Meßinstrumenten betrachtet, daher weder metrische noch projektivische Eigenschaften; er hat nur topologische Eigenschaften, also solche, mit denen sich die Analysis situs befaßt. Er ist **gestaltlos**, das heißt er unterscheidet sich in nichts von dem Raume, der aus ihm durch eine beliebige stetige Umformung entsteht. Ich suche mich durch Anwendung der mathematischen Sprechweise verständlich zu machen. Es seien zwei Räume E und E' gegeben; der Punkt M des Raumes E entspreche einem Punkte M' des Raumes E'. Der Punkt M hat zu rechtwinkligen Koordinaten x, y und z; der Punkt M' hat zu rechtwinkligen Koordinaten irgend welche beliebige stetige Funktionen von x, y und z. Diese

3. Warum der Raum dreidimensional ist.

beiden Räume unterscheiden sich von dem von uns eingenommenen Gesichtspunkt aus nicht.

Wie das Hinzutreten unserer Meßwerkzeuge und insbesondere des festen Körpers dem Denken Anlaß gibt, diesen gestaltlosen Raum näher zu bestimmen und vollständiger auszugestalten; wie es ermöglicht, in der projektiven Geometrie ein Netz von Geraden zu ziehen, in der metrischen Geometrie die Abstände dieser Punkte zu messen; welche wesentliche Rolle bei diesen Vorgängen der fundamentale Begriff der Gruppe spielt, all das habe ich ausführlich an anderer Stelle dargelegt. Ich setze diese Punkte als bekannt voraus und kann nicht auf sie zurückkommen.

Unser Gegenstand hier ist allein der gestaltlose Raum, den die Analysis situs untersucht, der einzige Raum, der unabhängig von unseren Meßwerkzeugen ist und dessen Grundeigenschaft, ich möchte sagen, dessen einzige Eigenschaft es ist, ein dreidimensionales Kontinuum zu sein.

§ 2. — Das Kontinuum und die Schnitte.

Was ist nun aber ein n-dimensionales Kontinuum? Worin unterscheidet es sich von einem Kontinuum, dessen Dimensionzahl größer oder kleiner ist? Rufen wir uns zunächst einige Ergebnisse ins Gedächtnis, die jüngst von Schülern Cantors erhalten wurden. Es ist möglich, die Punkte einer Geraden eindeutig auf die einer Ebene zu beziehen, oder allgemeiner die eines Kontinuums von n-Dimensionen auf die eines Kontinuums von p-Dimensionen. Dies ist möglich, vorausgesetzt, daß man nicht an der Forderung festhält, daß zwei unendlich benachbarten Punkten der Geraden zwei ebenfalls unendlich benachbarte Punkte der Ebene entsprechen sollen, das heißt, wenn man die Bedingung der Kontinuität fallen läßt.

Man kann also die Gerade in der Weise deformieren, daß man aus ihr eine Ebene erhält, vorausgesetzt daß die Transformation keine stetige ist. Es wäre dies jedoch im Gegenteil unmöglich mittels einer stetigen Umformung. Die Frage nach der Zahl der Dimensionen ist somit eng verknüpft mit dem Begriff der Stetigkeit und sie hätte gar keinen Sinn, wenn man von diesem Begriff abstrahieren wollte.

Um das n-dimensionale Kontinuum festzulegen, haben wir zunächst die analytische Definition zur Verfügung; ein Kontinuum von n-Dimensionen ist hiernach die Gesamtheit von n voneinander unabhängig veränderlichen Größen, die fähig sind, alle reellen Werte anzunehmen, die gewissen Ungleichungen genügen. Diese Definition ist vom mathematischen Standpunkt aus unanfechtbar, sie wird uns aber gleichwohl nicht vollkommen befriedigen können. In einem Kontinuum sind die einzelnen Koordinaten nicht sozusagen neben-

3. Warum der Raum dreidimensional ist. 63

einandergestellt, sie sind vielmehr untereinander verknüpft in der Weise, daß sie nur verschiedene Seiten eines einzigen Ganzen ausmachen. Alle Augenblicke machen wir bei räumlichen Untersuchungen das, was man eine Koordinatentransformation nennt; zum Beispiel wir führen eine Verlegung der rechtwinkligen Achsen aus oder wir gehen zu krummlinigen Koordinaten über. Untersuchen wir irgend ein anderes Kontinuum, so führen wir auch Koordinatentransformationen durch, das heißt, wir ersetzen die n-Koordinaten durch n beliebige, stetige Funktionen dieser n-Koordinaten. Für uns, die wir den Begriff des n-dimensionalen Kontinuums nicht aus der vorerwähnten analytischen Definition, sondern aus einer tieferen Quelle herleiten, erscheint dieser Vorgang ganz naturgemäß; wir nehmen wahr, daß er d a s nicht ändert, was dem Kontinuum wesentlich ist. Für jemanden hingegen, der das Kontinuum nur aus seiner analytischen Definition kennen würde, wäre dieser Vorgang zwar zweifellos zulässig, aber seltsam und wenig gerechtfertigt.

Schließlich setzt sich die analytische Definition über den in der Anschauung wurzelnden Ursprung des Begriffs eines Kontinuums hinweg und über all den Reichtum, den dieser Begriff in sich birgt. Sie gehört zu der Art von Definitionen, die so oft in der Mathematik aufgestellt werden, seit man das Streben hat, diese Wissenschaft zu „arithmetisieren". Diese vom Standpunkt des Mathematikers, wie wir gesagt haben, unantastbaren Definitionen werden dem Denker nicht voll Genüge leisten. Sie ersetzen den zu definierenden Gegenstand und den intuitiven Begriff dieses Gegenstandes durch eine aus äußerst einfachen Bausteinen errichtete Konstruktion; man sieht sehr wohl, daß man die Konstruktion mit diesen Bausteinen auszuführen vermag, man sieht aber auch gleichzeitig, daß man es mit noch vielen anderen ebensogut vermöchte; was aber die Definition nicht erkennen läßt, ist der tiefere Grund, weshalb man die Bausteine gerade in dieser Weise aneinandergefügt hat und nicht in einer anderen. Ich will nicht sagen, daß diese „Arithmetisierung" der Mathematik etwas Schlechtes sei, ich sage, daß sie die Sache nicht erschöpft.

Ich möchte die Bestimmung der Anzahl der Dimensionen auf den Begriff des S c h n i t t e s aufbauen. Fassen wir zunächst eine geschlossene Kurve, also ein eindimensionales Kontinuum ins Auge. Bezeichnen wir auf dieser Kurve zwei beliebige Punkte, die zu überschreiten nicht gestattet sein soll, so wird die Kurve dadurch in zwei getrennte Teile zerschnitten, und es wird nicht möglich sein, von einem Teil zu dem anderen zu gelangen, indem man auf der Kurve verbleibt, ohne einen der verbotenen Punkte zu überschreiten. Es sei dagegen eine in sich

3. Warum der Raum dreidimensional ist.

geschlossene Oberfläche gegeben, die ein Kontinuum von zwei Ausdehnungen darstellt; wir werden auf dieser Fläche ein, zwei, ja eine beliebige Anzahl von Punkten verzeichnen können, die Fläche wird dadurch doch nicht in zwei getrennte Stücke zerfallen, es wird möglich bleiben, von einem beliebigen Punkte der Fläche zu einem beliebigen anderen Punkte zu gelangen, ohne an ein Hindernis zu stoßen, da es stets möglich sein wird den verbotenen Punkten auszuweichen.

Ziehen wir aber auf der Fläche eine oder mehrere geschlossene Kurven und fassen diese als „Schnitte" auf, deren Überschreitung unzulässig sein soll, so wird es sich zeigen, daß dadurch unsere Fläche in mehrere getrennte Teile zerfallen ist.

Gehen wir jetzt zu dem Raume über. Man wird nicht imstande sein, ihn in mehrere Teile zu zerlegen, weder indem man das Überschreiten bestimmter Punkte, noch das bestimmter Linien für unzulässig erklärt; stets wird man imstande sein, diesen Hindernissen auszuweichen. Es wird notwendig sein, das Überschreiten bestimmter Flächen auszuschließen, das heißt, zweidimensionale Schnitte zu führen; und das ist der Grund, weshalb wir sagen, daß der Raum dreidimensional ist.

Wir wissen nun, was ein n-dimensionales Kontinuum ist. Ein Kontinuum besitzt n-Dimensionen, wenn man es in mehrere getrennte Teile zerlegen

3. Warum der Raum dreidimensional ist.

kann, dadurch, daß man einen oder mehrere Schnitte führt, die selbst Kontinua von $n-1$-Dimensionen sind. Das n-dimensionale Kontinuum zeigt sich so durch das Kontinuum von $n-1$-Dimensionen definiert; es ist dies eine Definition durch Rekursion.

Was mir Vertrauen zu dieser Definition gibt und mir zeigt, daß sich die Sache so auch dem natürlichen Denken darbietet, ist in erster Linie der Umstand, daß viele Verfasser elementarer Lehrbücher, denen eine Spitzfindigkeit fernliegt, in der Einleitung ihrer Abhandlung etwas Ähnliches getan haben. Sie definieren die geometrischen Körper als Teile des Raumes, die Flächen als Begrenzung der Körper, die Linien als Begrenzung der Flächen, die Punkte als die der Linien; hierbei bleiben sie stehen. Die Analogie liegt auf der Hand. Auch in anderen Teilen der Analysis situs finden wir die wichtige Bedeutung des Schnittes wieder vor; es ist der Schnitt, auf dem sich alles aufbaut. Was unterscheidet zum Beispiel nach Riemann den Wulst von der Kugel? Der Umstand, daß man auf der Kugel keine geschlossene Kurve ziehen kann, ohne die Fläche in zwei Teile zu zerschneiden; während es geschlossene Kurven gibt, welche den Wulst nicht entzwei schneiden und es somit notwendig ist, zwei in sich geschlossene Schnitte, die keinen Punkt miteinander gemeinsam haben, zu führen, um sicher zu sein, daß man die Fläche zerteilt hat.

3. Warum der Raum dreidimensional ist.

Noch ein Punkt bleibt zu besprechen. Die Kontinua, von denen wir gesprochen haben, sind mathematische Kontinua. Jeder ihrer Punkte ist ein von den anderen vollkommen verschiedenes Individuum und überdies vollkommen unteilbar. Die Kontinua, von denen uns unsere Sinne unmittelbar in Kenntnis setzen, und die ich physische Kontinua genannt habe, sind ganz anders beschaffen. Das Gesetz dieser Kontinua ist das Fechnersche Gesetz, das ich von dem umständlichen mathematischen Apparat, der es gewöhnlich umkleidet, losschälen möchte, indem ich es auf den schlichten Ausdruck der experimentellen Daten, auf denen es beruht, zurückführe. Man kann nach der Empfindung ein Gewichtsstück von 10 Gramm von einem Gewichtsstück von 12 Gramm unterscheiden; trotzdem könnte man ein Gewichtsstück von 11 Gramm weder von dem von 10 Gramm Gewicht noch von dem von 12 Gramm Gewicht unterscheiden. Oder allgemeiner: es kann zwei Empfindungsbereiche geben, die wir voneinander unterscheiden, ohne beide von einem dritten unterscheiden zu können. Dies vorausgeschickt, können wir uns eine ununterbrochene Kette von Empfindungskomplexen vorstellen, derart, daß keiner sich von dem folgenden unterscheidet, während sich die beiden Randglieder der Kette leicht voneinander unterscheiden lassen; das wird dann ein physisches Kontinuum von einer Dimension sein. In gleicher

Weise können wir uns kompliziertere physische Kontinua vorstellen. Die Elemente dieser physischen Kontinua werden noch Komplexe von Sinnesempfindungen sein; ich ziehe es aber vor, das Wort Element zu gebrauchen, weil es einfacher ist. Wann werden wir also sagen, daß ein System verwandter Elemente ein physisches Kontinuum bildet? Dann, wenn man zwei beliebige Elemente des Systems als Endglieder einer Kette der eben besprochenen Art ansehen kann, deren Glieder sämtlich dem System angehören. So ist eine Fläche deshalb ein Kontinuum, weil man irgendwelche zwei Punkte der Fläche durch eine kontinuierliche Linie miteinander verbinden kann, ohne die Fläche zu verlassen.

Können wir den Begriff des Schnittes auf physische Kontinua ausdehnen und daraus die Zahl ihrer Dimensionen herleiten? Offenbar ja. Angenommen, man schließe irgendwelche Elemente des Systems S aus und alle die, die man von ihnen nicht unterscheiden kann. Diese ausgeschlossenen Elemente können nun entweder von beschränkter Zahl sein, oder in ihrer Gesamtheit selbst eines oder mehrere Kontinua bilden. Die Gesamtheit der ausgeschlossenen Elemente bildet einen S c h n i t t. Es wird nun geschehen können, daß man nach Ausführung dieses Schnittes das Kontinuum S in mehrere andere zerlegt hat, derart, daß man nicht imstande wäre, von irgend einem Element von S zu einem

3. Warum der Raum dreidimensional ist. 69

anderen über eine kontinuierliche Kette zu gelangen, in der kein Element ununterscheidbar wäre von irgendeinem Element des Schnittes.

Ein Kontinuum nun, das man in Teile zerlegen kann, indem man eine endliche Anzahl von Elementen ausschließt, wird eindimensional sein; ein physisches Kontinuum wird n-Dimensionen haben, wenn man es in getrennte Teile zerlegen kann, indem man Schnitte führt, die selbst Kontinua von $n-1$-Dimensionen sind.

§ 3. — Der Raum und die Sinne.

Die Frage scheint gelöst; wir haben, so scheint es, obige Regel nur anzuwenden, sei es auf das physische Kontinuum, das ein ungefähres Bild des Raumes ist, sei es auf das entsprechende mathematische Kontinuum, das ein gereinigtes Abbild ist und den Raum des Geometers darstellt. Das ist eine Täuschung; es ginge wohl an, wenn das physische Kontinuum, von dem wir den Raum herleiten, uns unmittelbar durch die Sinne gegeben wäre; das ist aber durchaus nicht der Fall.

Betrachten wir nun, wie man aus der Fülle unserer Sinneswahrnehmungen ein physisches Kontinuum wirklich ableiten kann. Jedes Element eines physischen Kontinuums ist ein Komplex von Sinnesempfindungen; und es ist am einfachsten, zunächst einen Komplex gleichzeitiger Sinneswahrnehmungen,

3. Warum der Raum dreidimensional ist.

einen Bewußtseinszustand, zu betrachten. Aber jeder unserer Bewußtseinszustände ist unter allen Umständen außerordentlich kompliziert, so daß man nicht wird erwarten dürfen, daß zwei Bewußtseinszustände ununterscheidbar gleich werden könnten, wiewohl es zur Bildung eines physischen Kontinuums nach dem Vorausgehenden wesentlich ist, daß zwei Elemente in gewissen Fällen als ununterscheidbar angesehen werden können. Es wird aber niemals eintreten, daß wir sagen könnten: Ich kann meinen gegenwärtigen psychischen Zustand nicht von dem von vorgestern zur selben Stunde unterscheiden.

Es ist daher notwendig, daß wir vermittels eines bewußten geistigen Verfahrens übereinkommen, zwei Bewußtseinszustände als identisch anzusehen, indem wir von ihren Unterschieden a b s t r a h i e r e n. Wir können beispielsweise, um das Einfachste herauszugreifen, von den Daten einzelner Sinne absehen. Ich habe gesagt, man könne ein Gewicht von 10 Gramm nicht von einem von 11 Gramm unterscheiden. Es ist indes möglich, daß bei der Ausführung des Versuches die Druckempfindung, die von dem 10 Grammgewicht ausgelöst wurde, von irgendwelchen Geruchs- oder Gehörempfindungen begleitet gewesen ist und daß, sobald das Gewichtstück von 10 Gramm durch das von 11 Gramm ersetzt wurde, diese begleitenden Empfindungen sich verändert haben. Weil ich nun von diesen, nicht zur

3. Warum der Raum dreidimensional ist.

Sache gehörigen Empfindungen abstrahiere, kann ich sagen, jene beiden Bewußtseinszustände seien ununterscheidbar. Man kann auch eine kompliziertere Übereinkunft treffen; man kann als Elemente unseres Kontinuums nicht nur Komplexe simultaner, sondern auch solche aufeinanderfolgender Sinneswahrnehmungen ansehen, Wahrnehmungs r e i h e n. Es muß somit eine grundlegende Übereinkunft darüber getroffen werden, welche übereinstimmenden Merkmale zwei Elemente des Kontinuums haben müssen, um als identisch angesehen werden zu können. Dies gilt in gleicher Weise, mag es sich nun um gleichzeitige oder um zeitlich aufeinanderfolgende Wahrnehmungsgruppen handeln.

Zur Festlegung eines physischen Kontinuums ist es daher notwendig: 1. Komplexe gleichzeitiger oder aufeinanderfolgender Sinneswahrnehmungen auszuwählen, die als Elemente des Kontinuums dienen sollen, 2. eine grundlegende Übereinkunft darüber zu treffen, wann zwei Elemente als identisch angesehen werden dürfen.

Wie muß man nun diese doppelte Wahl treffen, um das Raumkontinuum zu erhalten? Können wir uns damit begnügen, einen Komplex gleichzeitiger Sinneswahrnehmungen ins Auge zu fassen, oder muß man eine Aufeinanderfolge von Wahrnehmungen heranziehen? Können wir uns insbesondere mit der einfachsten fundamentalen Übereinkunft zufrieden geben, die die natürlichste ist und darin besteht daß man von den Daten einzelner Sinne absieht? Keineswegs.

Eine solche Abstraktion ist unmöglich; wir können nicht unter unseren Sinnen solche auswählen, die uns den Raum und nichts als den Raum vermitteln; es gibt keinen, der uns das Raumkontinuum geben könnte ohne Mitwirkung der anderen, es gibt aber auch keinen, der uns nicht eine Fülle von Dingen vermitteln würde, die mit dem Raume nichts zu tun haben.

Wenn wir zum Beispiel die Daten des Tastsinnes ins einzelne zergliedern, so stellen wir folgendes fest. Die Erfahrung lehrt uns, daß, wenn man die Haut an zwei Punkten berührt, das Bewußtsein diese beiden Punkte unterscheidet, wenn sie genügend weit voneinander entfernt sind und daß es aufhört, sie zu unterscheiden, wenn sie einander zu sehr genähert werden. Das Distanzminimum, bei dem die Unterscheidung noch möglich ist, ist übrigens an verschiedenen Stellen des Körpers verschieden. Man sagt gewöhnlich, die Haut sei in Bezirke eingeteilt, von denen jeder das Bereich eines Gefühlsnervs bildet, so daß, wenn die beiden berührten Stellen in denselben Bezirk fallen, nur ein einziger Nerv erregt wird, und wir daher auch nur e i n e Berührung wahrnehmen. Wir würden dagegen z w e i Punkte wahrnehmen, wenn sie in zwei verschiedene Bezirke

3. Warum der Raum dreidimensional ist.

fielen und folglich auch zwei Nerven in den Zustand der Erregung versetzten. Dies ist nicht vollkommen befriedigend. Wir können darin noch nicht die Merkmale eines physischen Kontinuums erblicken. Wir wollen annehmen, man lasse die beiden Berührungspunkte wandern, lasse aber ihren gegenseitigen Abstand, der übrigens sehr klein sein möge, ungeändert. Da wir den Abstand als sehr klein vorausgesetzt haben, wird die Möglichkeit bestehen, daß beide Punkte in denselben Bezirk fallen und wir mithin nur eine einzige Sinnesempfindung haben; wenn wir aber die beiden Punkte, ohne ihren gegenseitigen Abstand zu verändern, allmählich weiterrücken lassen, muß schließlich der Augenblick eintreten, wo der eine der beiden Punkte bereits den Bezirk überschritten hat, während der andere sich noch innerhalb desselben befindet. In diesem Augenblicke müßte man zwei getrennte Empfindungen der beiden Punkte haben; das aber entspricht nicht dem, was man beobachtet. So würden wir nicht zu dem Begriffe eines physischen Kontinuums gelangen, sondern zu dem eines Komplexes diskreter Einzelwesen, deren Zahl gleich der der vorhandenen Bezirke wäre. Man wird besser tun, anzunehmen, daß die Berührung eines Punktes nicht bloß den nächstgelegenen Nerv erregt, sondern auch die Nachbarnerven und zwar mit einer Stärke, die abnimmt, sobald die Entfernung zunimmt. Nehmen wir an, man vergleiche die Wirkungen der Berührung in zwei Punkten; ist der Abstand gering, so werden dieselben Nerven in Erregung versetzt; die Stärke der Erregung eines Nervs durch die beiden Berührungspunkte wird zweifellos verschieden sein, aber der Unterschied wird nach dem Fechnerschen Grundgesetz zu gering sein, um wahrgenommen zu werden. Wird ein Nerv durch den Punkt A erregt, ohne daß er von B erregt wird, so kann er nur in sehr geringem Maße durch A erregt worden sein, und die Erregung bleibt unter der Schwelle des Bewußtseins. Die Wirkungen beider Punkte werden somit ununterscheidbar.

Jetzt haben wir alles, was notwendig ist, um ein physisches Kontinuum aufzubauen. Wir brauchen nur zwei Punkte auf der Hautoberfläche zu verschieben und die Fälle festzustellen, wo unser Bewußtsein sie noch auseinanderhält. Wir haben ferner — und das ist das, was ich weiter oben unsere grundlegende Übereinkunft genannt habe — von einer Fülle von Begleitumständen abstrahiert, von der Stärke der Erregung jedes einzelnen Gefühlsnervs, von dem mehr oder weniger großen Drucke, der in dem Berührungspunkte auf die Haut ausgeübt wurde, von der Beschaffenheit der Berührung. Alle diese Umstände werden uns durch die Berührung vermittelt, wir haben sie aber ausgeschaltet, um nur die beizubehalten, die von geometrischer Beschaffenheit sind. Aber haben wir nun den Raum? Nein.

3. Warum der Raum dreidimensional ist.

Zunächst hat das so aufgebaute Kontinuum nur zwei Dimensionen ebenso wie die Oberfläche der Haut selbst. Ferner sind wir uns wohl bewußt, daß unsere Haut beweglich ist, so daß ein und dieselbe Stelle der Haut nicht stets ein und derselben Stelle des Raumes entspricht; und schließlich, daß der Abstand zweier Punkte unserer Haut sich ändert, sobald unser Körper eine Bewegung ausführt. Es wäre dies die Raumvorstellung, zu der Weichtiere gelangen könnten, aber sie hätte nichts mit der unseren zu tun.

Für den Gesichtssinn liegt die Sache ebenso; zwei Lichtstrahlenbündel, die auf zwei Stellen der Netzhaut auftreffen, geben uns den Eindruck zweier oder eines Lichtfleckes, je nachdem die beiden Stellen mehr oder weniger weit voneinander entfernt sind. Dies entspricht genau den beiden Punkten, von denen wir vorhin gesprochen haben; wir können uns ihrer bedienen, um ein physisches Kontinuum aufzubauen, indem wir von Farbe und Lichtstärke absehen; dieses physische Kontinuum wird ebenso wie die Netzhaut zwei Dimensionen haben. Man wird die dritte Dimension einführen, indem man die Konvergenz der Augenachsen beim Sehen mit zwei Augen hinzutreten läßt, und wir erhalten das, was man den Gesichtsraum nennt. Er ist dem Tastraum überlegen, zunächst, weil man ihm mit etwas gutem Willen drei Dimensionen zuweisen kann, dann auch, weil die Netzhaut zwar beweglich, aber nach Art eines festen

Körpers beweglich ist, während die Haut sich in jeder Weise verbiegen läßt. Man wäre versucht, anzunehmen, daß dies der wahre Raum ist, in dem wir alle unseren übrigen Sinneswahrnehmungen zu lokalisieren suchen. Dies ist aber noch nicht angängig; denn das Auge ist beweglich, derart, daß derselben Stelle der Netzhaut und demselben Winkel der Augenachsen nicht immer derselbe Punkt des Raumes entspricht. Man sieht ferner nicht ein, warum man eine dritte Dimension, die so offensichtlich von den beiden anderen verschieden ist, eingeführt hat, und ebensowenig, warum die Geometrie der Blinden dieselbe ist wie die unsere.

Wollte man den Gesichtsraum mit dem Tastraum kombinieren, so käme man zu fünf Dimensionen, statt zu drei, beziehungsweise zwei Dimensionen; es wird klarzulegen sein, auf welche Weise sich die fünf Dimensionen auf drei zurückführen lassen; die Zahl der Dimensionen würde noch vermehrt, wenn man auch noch die Wahrnehmungen der übrigen Sinne mit einbeziehen wollte.

Es ist noch in Kürze zu erklären, warum der Gesichtsraum und der Tastraum ein und derselbe Raum sind.

§ 4. — Der Raum und die Bewegungen.

Es scheint also, daß man den Raum aus der Betrachtung gleichzeitiger Empfindungskomplexe nicht

3. Warum der Raum dreidimensional ist.

aufbauen kann, daß es vielmehr notwendig ist, Reihen aufeinanderfolgender Empfindungen zu betrachten. Ich muß hier auf das zurückkommen, was ich früher einmal gesagt habe. Warum erscheinen uns gewisse Veränderungen als Veränderungen der Lage und andere Veränderungen als Zustandsänderungen ohne geometrischen Charakter? Hierfür müssen wir zunächst einen Unterschied machen zwischen äußeren Veränderungen, die nicht von unserem Willen abhängen und nicht von Muskelempfindungen begleitet sind, und zwischen den inneren Veränderungen, die Bewegungen unseres Körpers sind und die wir von den ersteren dadurch unterscheiden können, daß sie willkürlich und von Muskelempfindungen begleitet sind. Eine äußere Veränderung kann durch eine innere Veränderung k o m p e n s i e r t werden, zum Beispiel, indem wir mit dem Auge einem bewegten Gegenstande derart folgen, daß wir sein Bild stets auf dieselbe Stelle der Netzhaut bringen. Eine äußere Veränderung, die einer derartigen Kompensation fähig ist, ist eine Änderung der Lage; ist sie einer solchen nicht fähig, so ist es eine Zustandsänderung.

Zwei äußere Veränderungen, die ihrer Beschaffenheit nach durchaus verschieden sind, werden als einer und derselben Lagenänderung entsprechend betrachtet, wenn sie durch dieselbe innere Veränderung kompensiert werden können. In gleicher Weise können zwei innere Veränderungen aus Reihen von Sinnesempfindungen bestehen, die gar nichts miteinander gemein haben, und trotzdem einer und derselben Lageänderung entsprechen, sobald sie die gleiche äußere Lageänderung kompensieren können. In der gewöhnlichen Redeweise drücken wir das aus, indem wir sagen, daß es mehrere Wege gibt, um von einem Punkt zu einem anderen zu gelangen.

Das, worauf es also ankommt, sind die Bewegungen, die man ausführen muß, um irgendein bestimmtes Objekt zu erfassen, wobei das Bewußtsein von diesen Bewegungen für uns nicht anderes ist, als die Gesamtheit der Muskelempfindungen, die sie begleiten.

Dies vorausgesetzt, befinde sich irgendein Gegenstand in Berührung mit einem meiner Finger, zum Beispiel mit dem Zeigefinger meiner rechten Hand; ich nehme diese Tatsache durch eine Tastempfindung T wahr. Gleichzeitig empfange ich von diesem Gegenstande Gesichtswahrnehmungen V; das Objekt entfernt sich, die Empfindung T verschwindet; an Stelle der Empfindungen V treten andere Empfindungen V'; das ist eine äußere Veränderung. Ich will diese Veränderung teilweise kompensieren, indem ich die Tastempfindung T wiederherstelle, das heißt, indem ich meinen Zeigefinger in Berührung mit dem Gegenstande bringe. Hierzu muß ich bestimmte Bewegungen ausführen, welche sich für mich

3. Warum der Raum dreidimensional ist. 79

in eine bestimmte Reihe von Muskelempfindungen S übersetzen. Dazu bin ich imstande, weil eine große Anzahl teils eigener, teils ererbter Erfahrungen mich gelehrt hat, daß, sobald die Tastempfindung T verschwindet, und die Gesichtsempfindungen V in V' übergehen, man die Tastempfindung T durch Bewegungen, die der Reihe S entsprechen, wiederherstellen kann. Ich weiß auch, daß ich das gleiche Ergebnis durch andere Bewegungen erhalten könnte, die sich für mich nicht mehr in die Reihe S, sondern in andere Reihen S' S'' übersetzen würden.

Alle diese Reihen von Muskelempfindungen S, S', S'' .... haben vielleicht gar kein Element gemeinsam; sie sind aber für mich gleichwertig, weil ich weiß, daß sowohl die eine wie die andere Reihe mir gestatten, die Sinneswahrnehmung T wiederherzustellen, allemal, wenn die Gesichtsempfindungen V sich in V' verwandelt haben. In unserer gewöhnlichen Redeweise würden wir, die wir schon Geometrie kennen, sagen, die verschiedenen Reihen von Bewegungen, die mit den Reihen von Muskelempfindungen S, S', S'' korrespondieren, haben d a s gemeinsam, daß bei allen sowohl die Anfangslage, als auch die Endlage meines Zeigefingers die gleiche bleibt. Alles andere kann verschieden sein.

Ich werde so dazu geführt, keinen Unterschied zwischen den einzelnen Reihen S, S', S'' .... zu machen, und sie als ein einziges Individuum zu betrachten. Ebensowenig vermöchte ich andere Reihen von Muskelempfindungen von den besprochenen zu unterscheiden, wenn sie nur sehr wenig von ihnen verschieden wären. Damit hätte ich alles, was ich zur Konstruktion eines physischen Kontinuums brauche; ich habe tatsächlich die Elemente des Kontinuums gewählt, nämlich Reihen von Muskelempfindungen und ich besitze auch die grundlegende Übereinkunft, die mich lehrt, in welchen Fällen zwei Elemente als gleich angesehen werden können, und dies ist das dreidimensionale Kontinuum.

Aber das ist noch nicht alles. Wir sind zur Definition eines Kontinuums gelangt, das ein wirklicher Raum ist; es ist der Raum, der durch einen meiner Finger beschrieben gedacht ist. Ich habe aber mehrere Finger und von dem hier eingenommenen Standpunkte könnte mir sogar jede Hautstelle die Dienste eines Fingers leisten. Beschreiben nun meine verschiedenen Finger ein und denselben Raum? Zweifellos ja, aber was will das sagen? Es drückt eine Gruppe von Eigenschaften aus, die in der gewöhnlichen Sprechweise zum Ausdruck zu bringen nicht leicht wäre, die ich aber darzulegen versuchen will, wenn man mir gestattet, mich gewisser Symbole zu bedienen. Ich betrachte zwei Finger, die ich a und b nenne; der Finger a sei zum Beispiel der Zeigefinger der rechten Hand, dessen wir uns bedienten, um die

3. Warum der Raum dreidimensional ist.

Reihen S, S', S'' .... zu definieren. Wir werden also schreiben

$$S \equiv S' \pmod{a}$$

und das soll ausdrücken, daß, wenn die der Reihe S entsprechenden Bewegungen die vom Finger a hervorgerufenen Tastempfindung wiederherstellen, es in gleicher Weise die der Reihe S' entsprechenden Bewegungen tun und umgekehrt. In gleicher Weise schreibe ich

$$S_1 \equiv S'_1 \pmod{b}$$

um auszudrücken, daß, wenn die der Reihe S_1 entsprechenden Bewegungen die durch den Finger b hervorgerufene Tastempfindung wiederherstellen, es in gleicher Weise auch durch die der Reihe S'_1 entsprechenden Bewegungen geschieht.

Nach dieser Festsetzung nehme ich an, es beständen zwei besondere Reihen von Muskelempfindungen s und s_1, die in folgender Weise definiert seien: Angenommen, der Finger b vermittele eine Tastempfindung zufolge der Berührung irgendeines Gegenstandes; führen wir nun die der Reihe s entsprechenden Bewegungen aus, so wird diese Empfindung verschwinden, aber schließlich wird der Finger a eine Tastempfindung der Berührung feststellen. Ich weiß aus Erfahrung, daß dies in jedem Falle eintreten wird, sobald vor der Bewegung der Finger b die Berührung empfand, oder doch fast in jedem Falle. Ich sage f a s t, weil, damit die Sache

3. Warum der Raum dreidimensional ist.

zutrifft, es notwendig ist, daß sich der Gegenstand in der Zwischenzeit nicht bewegt hat. In unserer gewöhnlichen Sprechweise, die für uns viel klarer wäre, die ich aber mir nicht gestatte, anzuwenden, da ich von Wesen rede, die noch keine Geometrie kennen, würden wir sagen, daß die der Reihe s entsprechenden Bewegungen den Finger a an die vorher vom Finger b eingenommene Stelle bringen. Bezüglich s_1 wäre es umgekehrt, die entsprechenden Bewegungen brächten den Finger b an die vorher vom Finger a innegehabte Stelle.

Wenn zwei Reihen s und s_1 existieren, so zieht die Beziehung

$$S \equiv S' \pmod{a}$$

als Folge nach sich die Beziehung

$$s + S + s_1 \equiv s + S' + s_1 \pmod{b}$$

Dies sieht man unmittelbar ein, wenn man sich den Sinn der Symbole vergegenwärtigt und man kann daraus ohne Schwierigkeit folgern, daß die beiden durch a und b erzeugten Räume isomorph sind, daß sie also insbesondere auch die gleiche Anzahl von Dimensionen besitzen.

Dem wäre nicht mehr so, wenn die Reihen s und s_1 nicht existieren würden. Nehmen wir an, man könne tatsächlich keine Reihe von Bewegungen auffinden, welche von der Empfindung der Berührung

3. Warum der Raum dreidimensional ist.

eines Gegenstandes mit dem Finger b zu der Empfindung der Berührung des gleichen Gegenstandes durch den Finger a führten, und zwar wenn nicht mit voller Sicherheit, so doch fast immer, wie würden wir dann schließen? Wir würden sagen, der Finger b nehme den Gegenstand wahr, ohne an derselben Stelle des Raumes zu sein, er empfinde auf Distanz; denn sonst müßte doch der Finger b, so oft er die Empfindung der Berührung hat, jedesmal sich an derselben Stelle A des Raumes befinden. Dann aber müßte es eine Reihe von Bewegungen geben, die den Finger a an die Stelle A des Raumes brächte; da sich nun der Gegenstand im Punkte A befindet, müßte der Finger a ihn fühlen und dies müßte stets ausführbar sein. Wenn wir daher die Annahme machen, daß es keine Bewegungsreihe gebe, die die besprochene Eigenschaft besäße, dann müßten wir annehmen, daß der Finger b die Berührung auf Distanz empfinde, das heißt, daß die Tatsache, von dem Finger gefühlt zu werden, nicht genüge, um die Lage des Objekts im Raume festzustellen, das hieße also schließlich, daß der Raum mehr Dimensionen besitzen müsse, als das physische Kontinuum, das durch die Empfindungen des Fingers b in der dargelegten Weise entsteht.

Ich nehme beispielsweise an, der Raum besitze vier Dimensionen, und ich bezeichne mit x, y, z, t die vier Koordinaten. Ich nehme an, der Finger b

3. Warum der Raum dreidimensional ist.

fühle die Berührung mit dem Gegenstand, jedesmal, wenn die drei Koordinaten x, y, z für den Finger und den Gegenstand dieselben Werte haben, was immer auch der Wert der vierten Koordinate sei; weiter nehme ich an, der Finger a fühle die Berührung stets dann, wenn die drei Koordinaten x, y, t für Gegenstand und Finger die gleichen Werte haben, ohne Rücksicht auf den Wert der Koordinate z. Wenden wir unter diesen Umständen unsere Regeln zum Aufbau des vom Finger b erzeugten physischen Kontinuums an, so werden wir bloß drei Dimensionen, entsprechend den drei Koordinaten x, y, z feststellen, während die Koordinate t keine Rolle spielt. In gleicher Weise hätte das von a herrührende Kontinuum drei Dimensionen, die x, y, t entsprächen. Wir könnten aber keine Reihe von Bewegungen, entsprechend einer Reihe von Muskelempfindungen s, angeben, derart, daß die Empfindung der Berührung durch den Finger a stets mit Sicherheit auf die Empfindung der Berührung durch b folgte.

Seien nun x_1, y_1, z_1, t_1 die Koordinaten des Gegenstandes, x_0, y_0, z_0, t_0 die des Fingers b vor der Bewegung und x_0', y_0', z_0', t_0' die des Fingers a nach der Bewegung. Wir bringen zum Ausdruck, daß der Finger b vor der Bewegung die Berührung wahrnahm, indem wir schreiben:

(1) $\qquad x_0 = x_1;\ y_0 = y_1;\ z_0 = z_1.$

Wir drücken ferner aus, daß nach der Bewegung der

3. Warum der Raum dreidimensional ist.

Finger a die Berührung wahrnimmt, indem wir schreiben:

(2) $\quad x_0' = x_1;\ y_0' = y_1;\ t_0' = t_1.$

Damit s existiere, müßten wir die Werte x_0, y_0, z_0, t_0; x_0', y_0' z_0' t_0' so wählen können, daß die Gleichungen (1) die Gleichungen (2) zur Folge haben, was immer für Werte auch x_1, y_1, z_1, t_1 haben mögen; dies ist offenbar unmöglich. Gerade die Unmöglichkeit, die Reihe s zu bilden, würde uns in einem solchen Falle offenbaren, daß der Raum vier Dimensionen haben müsse und nicht drei, so wie das von b herrührende physische Kontinuum.

Übrigens beobachten wir wirklich etwas Analoges, wenn wir uns der Vermittelung durch den Gesichtssinn bedienen. Fassen wir eine Stelle der Netzhaut ins Auge, so können wir sie dieselbe Rolle spielen lassen, wie den Finger a oder b. Wir können die Reihe von Bewegungen betrachten, die notwendig sind, um das Bild irgendeines Gegenstandes an die Stelle c der Netzhaut zurückzubringen oder die Reihe S der entsprechenden Muskelempfindungen; wir können uns dieser Reihe bedienen, um ein physisches Kontinuum zu definieren, das dem durch den Finger a oder b erhaltenen analog ist. Dieses Kontinuum würde aber nur zwei Dimensionen haben.

Wir könnten aber keine der Reihe s analoge Reihe aufstellen, nämlich eine Reihe von Bewegungen, die zur sicheren Folge haben würde, daß die an der Netz-

3. Warum der Raum dreidimensional ist.

hautstelle c wahrgenommene Gesichtsempfindung die Tastempfindung am Finger a zur Folge hat. Mit anderen Worten, es genügt nicht, festzustellen, daß sich das Netzhautbild an der Stelle c bilde, um die Bewegungen angeben zu können, die notwendig sind, um unseren Finger mit dem in Rede stehenden Gegenstand in Berührung zu bringen. Es fehlt uns eine Größe, und zwar der Abstand des Objektes. Dies ist der Grund, weshalb sich der Gesichtssinn auf Abstandsschätzungen einüben muß, und weshalb der Raum drei Dimensionen hat, eine mehr, als das durch eine Netzhautstelle c festgelegte Kontinuum.

Wir erkennen aus dieser flüchtigen Darlegung, welche experimentellen Tatsachen uns dazu führen, dem Raum drei Dimensionen beizulegen. Zufolge dieser Tatsachen war es für uns bequemer, ihm drei Dimensionen zuzuschreiben, als vier oder zwei; aber das Wort „bequem" ist vielleicht nicht stark genug; ein Wesen, das dem Raume zwei oder vier Dimensionen beigelegt hätte, würde sich in einer Welt gleich der unseren im Nachteil beim Kampf ums Dasein befinden. Man gestatte mir, um das zu zeigen, mich wieder meiner Symbole zu bedienen, zum Beispiel der Kongruenzen

$$S = S' \pmod{a},$$

deren Sinn ich weiter oben dargelegt habe. Dem Raume zwei Dimensionen beizulegen, das würde heißen, Kongruenzen dieser Art gelten zu lassen, die wir anderen nicht gelten lassen; ein solches Wesen wäre der Gefahr ausgesetzt, an die Stelle der Bewegungen der Reihe S, die einen bestimmten Erfolg nach sich ziehen, die Bewegungen einer Reihe S' treten zu lassen, die den gewünschten Erfolg nicht haben. Dem Raume vier Dimensionen zuschreiben, hieße andererseits, Kongruenzen zurückweisen, die wir anderen anerkennen; man würde sich damit der Möglichkeit berauben, an Stelle der Bewegungen S andere Bewegungen S' zu setzen, welche ebensogut den Zweck erfüllen und unter bestimmten Bedingungen besondere Vorteile mit sich bringen können.

§ 5. — Der Raum und die Natur.

Unsere Frage kann aber auch noch von einem durchaus anderen Standpunkt aus gestellt werden. Wir haben uns bisher auf einen rein subjektiven, rein psychologischen, oder wenn man will, physiologischen Standpunkt gestellt; wir haben lediglich die Beziehungen des Raumes zu unseren Sinnen ins Auge gefaßt. Man könnte sich umgekehrt auf den Standpunkt der Physik stellen, und sich fragen, ob es möglich wäre, die Naturphänomene in einem anderen Raume zu lokalisieren, als dem unseren, zum Beispiel in einem Raume von vier oder zwei Dimensionen. Die Gesetze, die uns die Physik lehrt, finden ihren Ausdruck in Differentialgleichungen, und in diesen Differentialgleichungen treten die d r e i Koordinaten einzelner Massenpunkte auf. Ist es nun unmöglich, dieselben Gesetze durch andere Gleichungen auszudrücken, in denen diesmal andere Massenpunkte mit v i e r Koordinaten auftreten würden? Oder wäre dies zwar wohl möglich, würden aber vielleicht die so erhaltenen Gleichungen selbst weniger einfach werden? Oder schließlich sind die Gleichungen vielleicht ganz ebenso einfach und lehnen wir sie nur ab, weil sie uns in unseren Denkgewohnheiten stören?

Was wollen wir damit zum Ausdruck bringen, wenn wir sagen, daß wir d i e s e l b e n Gesetze durch v e r s c h i e d e n e Gleichungen darstellen? Nehmen wir zwei Welten W und W' an; wir können zwischen den Vorgängen, die sich in diesen beiden Welten ereignen oder ereignen können, eine Beziehung in der Weise festsetzen, daß jedem Phänomen Φ der ersteren ein vollkommen bestimmtes Phänomen Φ' der anderen entspricht, das sozusagen das „Bild" des ersten ist. Wenn ich nun annehme, daß die notwendige Folge des Phänomens Φ, nach den Gesetzen, die in der Welt W herrschen, irgendein bestimmtes Phänomen Φ_1 ist, und daß die notwendige Folge des Phänomens Φ' des Bildes von Φ nach den Gesetzen, die in der Welt W' herrschen, genau das Bildphänomen Φ_1' des Phänomens Φ_1 ist, dann werden wir

3. Warum der Raum dreidimensional ist.

sagen können, daß beide Welten d e n s e l b e n Gesetzen gehorchen. Die qualitative Beschaffenheit der Phänomene Φ und Φ' geht uns dabei nicht viel an, es genügt, daß der „Parallelismus" vorhanden ist.

Diese qualitative Beschaffenheit der Phänomene interessiert nur unsere Sinne, und wir sind übereingekommen, uns auf einen außerpsychologischen Standpunkt zu stellen, und daher von den Daten der Sinneswahrnehmungen zu abstrahieren und unsere Aufmerksamkeit nur den gegenseitigen Beziehungen der Phänomene untereinander zuzuwenden. Das ist es ja gerade, was der Physiker tut, wenn er zum Beispiel an die Stelle des Gases, wie es uns durch die Erfahrung gegeben ist und das uns die Empfindungen des Druckes und der Wärme darbietet, das Gas der kinetischen Gastheorie setzt, wo man nichts als die Bewegungen materieller Punkte sieht, oder wenn er statt des Lichtes, wie es uns aus der täglichen Erfahrung gegeben ist und das die verschiedenen Farbenempfindungen hervorruft, die Ätherschwingungen setzt.

Es wird genügen, einen einfachen Fall zu betrachten, etwa die astronomischen Phänomene und das Newtonsche Gesetz. Das, was man beobachtet, sind nicht die Koordinaten der Gestirne, sondern ihre gegenseitigen Abstände; der natürliche Ausdruck der Gesetze ihrer Bewegungen sind daher Differentialgleichungen zwischen diesen Abständen und der Zeit.

3. Warum der Raum dreidimensional ist.

Nun ist der Abstand zweier Punkte im Raume eine bekannte und einfache Funktion der Koordinaten der beiden Punkte. Formen wir unsere Differentialgleichungen in der Weise um, daß wir an die Stelle der Abstände diese Funktion treten lassen, so erhalten wir die Gleichungen in ihrer gewohnten Form, in der die Koordinaten der Gestirne selbst auftreten.

Wir können nun aber die Abstände durch andere Funktionen ersetzen, und so andere Gestalten dieser Gleichungen erhalten; alle diese Formen werden von dem Standpunkte aus, den wir jetzt einnehmen, gleichberechtigt sein, da sie den „Parallelismus" unter den Phänomenen wahren. Denken wir uns nun die Sterne in einen vierdimensionalen Raum gebracht, derart, daß die Lage eines jeden nicht mehr durch drei, sondern durch vier Koordinaten festgelegt ist und ersetzen wir ferner in unseren Gleichungen die Größe, die wir bisher als Abstand zweier Gestirne aufgefaßt haben, durch eine b e l i e b i g e Funktion der acht Koordinaten der beiden Sterne. Es ist durchaus nicht notwendig, daß es jene Funktion sei, die im vierdimensionalen Raume die Entfernung zweier Punkte vorstellt; es kann eine ganz beliebige Funktion sein, wofern nur der „Parallelismus" erhalten bleibt.

So würden wir unsere Gleichungen in einer Gestalt erhalten, in der die Sternkoordinaten in einem vierdimensionalen Raume auftreten würden; so wäre

3. Warum der Raum dreidimensional ist.

dies ein neuer Ausdruck für die Gesetze der Astronomie, gegründet auf die Annahme eines vierdimensionalen Raumes; und diese Darstellung wäre nicht unberechtigt, solange sie die Bedingung des „Parallelismus" erfüllt. Nur ist klar, daß die so erhaltenen Gleichungen weniger einfach sein werden, als unsere gewohnten.

Ein gleiches wäre ohne Zweifel auch mit den Gesetzen der Physik der Fall. Gibt es nun einen allgemeinen Grund dafür, daß es sich so verhällt, daß in allen Gebieten der Naturwissenschaft gerade die Annahme eines dreidimensionalen Raumes den Gleichungen ihre einfachste Gestalt gibt? Und hat dieser Grund eine Beziehung mit dem, den ich im ersten Teile dieser Untersuchung dargelegt habe, der die Lebewesen gebieterisch zwingt, an drei Dimensionen zu glauben oder doch sich so zu verhalten, als ob sie daran glauben würden, wenn sie nicht im Kampf ums Dasein benachteiligt sein wollen?

Hier ist eine kurze Abschweifung notwendig. Kehren wir für einen Augenblick zu unserem althergebrachten Raum zurück. Wir haben gesagt, daß er relativ ist und das will besagen, daß die physikalischen Gesetze an allen Stellen des Raumes die gleichen sind oder in der Sprache der Mathematik, daß die Differentialgleichungen, die diese Gesetze zum Ausdruck bringen, von der Wahl der Koordinatenachsen nicht abhängig sind.

Wenn man ein vollkommen isoliertes System ins Auge faßt, so hat das keinen Sinn, denn man wird die Koordinaten der Punkte des Systems nicht zu bestimmen imstande sein, sondern nur ihre gegenseitigen Abstände, und die Beobachtung wird uns niemals Aufschluß darüber geben können, ob die Eigenschaften des Systems von seiner absoluten Lage im Raume abhängig sind, da sich diese Lage eben nicht feststellen läßt.

Ist aber das System nicht isoliert, so würden wir auch nicht weiter kommen, wenn wir auf vollkommener Strenge der Schlußfolgerungen beharren; denn dann wird es unmöglich, die Gesetze, die das System beherrschen, aufzustellen, ohne die Wirkung der außerhalb befindlichen Körper in Rechnung zu ziehen. Aber es gibt n a h e z u gänzlich isolierte Systeme, umgeben von Körpern, die hinreichend nahe sind, um gesehen zu werden, und zu weit entfernt, als daß ihre Einwirkung noch merklich sein könnte; dies ist das Verhältnis unserer Erde gegenüber den Fixsternen. Wir können daher die Gesetze der irdischen Welt so aussprechen, als ob die Sterne nicht vorhanden wären, und dennoch diese Welt auf ein Koordinatensystem beziehen, das vollkommen definiert und unwandelbar mit den Sternen verknüpft ist. Die Erfahrung zeigt uns nun, daß die Wahl dieser Koordinaten keinen Einfluß hat, und daß die Gleichungen durch eine Änderung der Achsen nicht

3. Warum der Raum dreidimensional ist.

geändert werden. Die Gesamtheit aller möglichen Achsenveränderungen bildet, wie man sich ausdrückt, eine Gruppe von sechs Dimensionen.

Verzichten wir nun auf unseren gewohnten Raum und ersetzen wir unsere Gleichungen durch andere, die ihnen äquivalent sind, in dem Sinne, daß sie den „Parallelismus" der Erscheinungen wahren. Stets, wenn wir es mit einem nahezu isolierten System zu tun haben, gibt es irgendeine allgemeinste Tatsache, eine invariante Eigenschaft, die erhalten bleibt, und es wird eine Transformationsgruppe existieren, die die Gleichungen ungeändert läßt. Diese Transformationen werden nicht mehr Koordinatentransformationen darstellen, ihre Bedeutung wird beliebig sein können, aber die durch diese Transformationen gebildete Gruppe muß stets isomorph mit der sechsdimensionalen Gruppe bleiben, von der wir eben gesprochen haben; anderenfalls wäre der „Parallelismus" nicht mehr vorhanden.

Und darum, weil diese Gruppe unter allen Umständen eine wesentliche Rolle spielt, weil sie der Gruppe der Achsentransformationen des gewöhnlichen Raumes isomorph ist und somit in naher Verwandtschaft zu unserem dreidimensionalen Raume steht, darum nehmen unsere Gleichungen ihre einfachste Gestalt an, wenn man die Transformationsgruppe in der natürlichsten Weise erklärt, nämlich durch Einführung des dreidimensionalen Raumes.

3. Warum der Raum dreidimensional ist.

Da nun diese Gruppe auch isomorph ist mit der Gruppe der Bewegungen unserer Gliedmaßen, wenn man sie als feste Körper betrachtet, und da die Eigenschaft der festen Körper, bei ihren Bewegungen den Gesetzen dieser Gruppe zu gehorchen, letzten Endes nur ein besonderer Fall der allgemeinen Invarianzeigenschaft ist, auf die wir hingewiesen haben, so sieht man, daß kein w e s e n t l i c h e r Unterschied besteht zwischen dem physikalischen Grunde, der uns treibt, dem Raume drei Dimensionen zuzuweisen, und den psychologischen Gründen, die in den ersten Paragraphen dieses Abschnittes dargelegt sind.

§ 6. — Analysis situs und die Raumanschauung.

Ich möchte eine Bemerkung anfügen, die nur mittelbar auf das Vorausgehende Bezug hat; wir haben weiter oben die Bedeutung der Analysis situs betrachtet und ich habe dargelegt, daß sie der ureigene Bereich der geometrischen Anschauung ist. Existiert eine solche Anschauung überhaupt? Ich möchte darauf hinweisen, was man darüber geschrieben hat und was Hilbert[1] bei der Begründung einer Geometrie gefunden hat, die er rational nennt, weil sie frei von jeder Anrufung der Anschauung ist. Sie gründet sich auf eine beschränkte Anzahl von

---

[1] David Hilbert, Grundlagen der Geometrie, Teubner 1909.

3. Warum der Raum dreidimensional ist.

Axiomen oder Postulaten, die nicht als Tatsachen, die aus der Anschauung fließen, angesehen werden, sondern als versteckte Definitionen. Diese Axiome sind in fünf Gruppen geteilt. Ich hatte Gelegenheit, bezüglich vier dieser Gruppen zu sagen, in welchem Maße es gerechtfertigt ist, sie als bloße versteckte Definitionen anzusehen.

Ich möchte hier bei einer dieser Gruppen verweilen, nämlich der zweiten, der Gruppe der Axiome der Anordnung. Um klar zu machen, um was es sich handelt, möchte ich ein Axiom anführen. Wenn auf einer beliebigen Linie der Punkt C zwischen A und B und der Punkt D zwischen A und C liegt, so liegt D ebenfalls zwischen A und B. Für Hilbert ist das keine Anschauungstatsache, wir kommen vielmehr überein, zu sagen, daß in gewissen Fällen C zwischen A und B liegt, wir wissen aber nicht, was das bedeuten soll, umsoweniger, da wir weder wissen, was ein Punkt, noch was eine Gerade ist. Wir werden zufolge unserer Festsetzungen den Ausdruck „zwischen" anwenden können, um irgendeine Beziehung zwischen drei Punkten auszudrücken, vorausgesetzt, daß diese Beziehung die Axiome der Anordnung befriedigt. Diese Axiome erscheinen uns also als die Erklärung des Wortes „zwischen".

Man kann sich also solcher Axiome bedienen, sobald man gezeigt hat, daß sie untereinander widerspruchsfrei sind, und kann durch sie zu einer Geometrie gelangen, die keiner Figuren bedarf, und die von einem Menschen verstanden werden könnte, der weder Gesichts-, noch Tast-, noch Muskelempfindungen hätte und nur auf das bloße Begriffsvermögen angewiesen wäre.

Nun wohl, ein solcher Mensch könnte diese Geometrie vielleicht verstehen, in dem Sinne, daß er einsehen würde, daß ihre Sätze sich logisch auseinander ableiten; aber die Gesamtheit dieser Sätze würde ihm künstlich und wunderlich erscheinen und er würde nicht einsehen, warum man gerade sie einer Fülle anderer, ebenso möglichen Systeme vorgezogen hat.

Wenn wir nicht dasselbe Erstaunen empfinden, so geschieht das, weil für uns diese Axiome nicht bloße Definitionen, willkürliche Übereinkommen, sind, sondern sehr wohlberechtigte Übereinkommen. Bezüglich der übrigen Gruppen von Axiomen bin ich der Ansicht, daß sie berechtigt sind, weil sie sich am besten gewissen experimentellen Tatsachen anpassen, die uns geläufig sind und diese Axiome uns daher als die bequemsten erscheinen lassen; bezüglich der Axiome der Anordnung dagegen scheint mir noch mehr dahinterzustecken, es scheinen mir aus der wirklichen Anschauung geschöpfte Voraussetzungen zu sein, die an die Analysis situs anknüpfen. Man sieht, daß die Tatsache, daß ein Punkt C zwischen zwei anderen Punkten A und B irgendeiner Linie liegt, sich in der Form anschließt an die Zerteilung eines eindimensionalen Kontinuums mit Hilfe von Schnitten, die durch unüberschreitbare Punkte gebildet werden.

Nun erhebt sich eine Frage; Wahrheiten, wie die Axiome der Anordnung, werden uns durch die Anschauung eröffnet; handelt es sich um die Raumanschauung als solche oder um die Anschauung des mathematischen oder physischen Kontinuums im allgemeinen? Das, was uns veranlassen könnte, uns der ersteren Lösung zuzuneigen, ist der Umstand, daß wir mit Leichtigkeit über den Raum Betrachtungen anstellen können, aber nur mit großer Schwierigkeit über komplizierte Kontinua mit mehr als drei Dimensionen, die einer räumlichen Darstellung nicht fähig sind.

Würde man aber diese erste Lösung als richtig anerkennen, so wäre diese ganze Auseinandersetzung zwecklos; dann würden wir dem Raume drei Dimensionen einfach deshalb zuweisen, weil das Kontinuum dreier Dimensionen das einzige wäre, von dem wir eine klare Anschauung haben.

Aber es gibt eine Analysis situs für mehr als drei Dimensionen; ich will nicht behaupten, daß sie eine leichte Wissenschaft sei, habe ich doch selbst zuviel Mühe an sie gewendet, um mir nicht der Schwierigkeiten voll bewußt zu sein, auf die man dabei stößt; aber schließlich ist diese Wissenschaft möglich und sie beruht nicht ausschließlich auf der Rechnung; man könnte sie nicht mit Erfolg betreiben, ohne fortwährende Anrufung der Anschauung. Es gibt daher sehr wohl eine Anschauung von mehr als dreidimensionalen Kontinuen, und wenn sie eine angespanntere Aufmerksamkeit erfordert, als die gewöhnliche geometrische Anschauung, so ist das zweifellos eine Sache der Gewöhnung und auch eine Folge der rasch wachsenden Kompliziertheit der Eigenschaften des Kontinuums, wenn die Zahl der Dimensionen zunimmt. Sehen wir nicht, daß an Schulen manche Schüler in der ebenen Geometrie fest sind und doch durchaus keine „Raumvorstellung" haben? Nicht als ob ihnen die Anschauung des dreidimensionalen Raumes fehlte, sie sind nicht gewohnt, sich ihrer zu bedienen, und es kostet sie daher Anstrengung. Und geschieht es uns nicht allen, daß wir, wenn wir uns irgendein räumliches Gebilde vorstellen wollen, uns die verschiedenen Projektionen des Gebildes hintereinander vorstellen?

Ich möchte daraus den Schluß ziehen, daß wir die Anschauung von einem Kontinuum beliebiger Dimensionszahl haben, da wir die Fähigkeit haben, ein physisches und mathematisches Kontinuum zu konstruieren; und ferner, daß diese Fähigkeit aller Erfahrung vorausgeht, da ohne sie die Erfahrung geradezu unmöglich wäre und sich auf rohe Sinnesempfindungen beschränken würde, die ungeeignet wären, in ein Ganzes eingeordnet zu werden. Diese

Anschauung nun ist nichts anderes, als unser Bewußtsein, daß wir diese Fähigkeit besitzen. Doch diese Fähigkeit könnte sich in verschiedenem Sinn betätigen; sie könnte uns ebensogut einen Raum von vier wie einen von drei Ausdehnungen aufzubauen gestatten. Es ist die Außenwelt, die Erfahrung, die uns bestimmt, unsere Vorstellungen in der einen Richtung mehr auszubilden als in der anderen.

---

4. Die Logik des Unendlichen.

§ 1. — Die notwendigen Eigenschaften einer Klassifikation.

Können die gewöhnlichen Gesetze der Logik ohne Abänderung angewendet werden, um Betrachtungen über Mengen anzustellen, die eine unbegrenzte Zahl von Gegenständen enthalten? Es ist dies eine Frage, die man sich zunächst nicht gestellt hätte, aber man wurde dazu geführt, sie zu untersuchen, als die Mathematiker, die das Studium des Unendlichen zu ihrem Spezialfache machen, plötzlich auf bestimmte, wenn auch vielleicht nur scheinbare Widersprüche stießen. Rühren nun diese Widersprüche davon her, daß die Gesetze der Logik unrichtig angewendet wurden, oder daher, daß die Geltung der Gesetze aufhört, wenn man sie außerhalb ihres eigentlichen Gebietes, nämlich der Mengen von endlicher Individuenzahl, anwendet? Ich halte es für nützlich, einiges über diesen Gegenstand zu sagen, um dem Leser eine Vorstellung von den Auseinandersetzungen zu geben, zu denen diese Frage Anlaß gegeben hat.

Die formale Logik ist nichts anderes als das Studium der allen Klassifikationen gemeinsamen Eigenschaften; sie lehrt uns, daß zwei Soldaten, die im selben Regiment stehen, deshalb von selbst auch zur selben Brigade gehören, und folglich auch zur selben Division, und das ist es, worauf sich die ganze Theorie des Schlußverfahrens reduziert. Was ist nun die Bedingung dafür, daß die Regeln dieser Logik Geltung haben? Die verwendete Klassifikation muß u n v e r ä n d e r l i c h sein. Wir erfahren, daß zwei Soldaten im selben Regiment stehen, und wir wollen daraus den Schluß ziehen, daß sie derselben Brigade angehören; wir sind dazu berechtigt, vorausgesetzt, daß während der Zeit, in der wir die Folgerung ausführen, keiner der beiden Soldaten von seinem Regiment zu einem anderen versetzt worden ist.

Die Widersprüche, auf die wir hingewiesen haben, stammen alle daher, daß man diese einfache Bedingung außer acht läßt; man stützt sich auf eine Klassifikation, die nicht unveränderlich ist und es gar nicht sein kann. Man gebraucht dann wohl die Vorsicht, die Einteilung für unveränderlich zu e r k l ä r e n; aber diese Vorsicht ist nicht hinreichend; man müßte die Einteilung t a t s ä c h l i c h unver-

4. Die Logik des Unendlichen.

änderlich machen, und das ist in manchen Fällen überhaupt nicht möglich.

Es sei mir gestattet, ein von Russell gegebenes Beispiel anzuführen. Er hat es nebenbei bemerkt gegen mich selbst herangezogen, in der Absicht, darzutun, daß die Schwierigkeiten nicht durch die Einführung der Unendlichkeit selbst entstehen, da sie auch auftreten können, wenn man die Betrachtung auf endliche Anzahlen beschränkt. Ich werde auf diesen Punkt näher eingehen, aber es handelt sich hier um etwas anderes und ich habe das Beispiel nur gewählt, weil es kurzweilig ist und weil es gut die Tatsache klar macht, auf die ich hinweisen will.

Welches ist die kleinste ganze Zahl, die sich nicht durch einen Satz von weniger als hundert französischen Worten definieren läßt? Und vor allem, gibt es eine solche Zahl?

Ja, denn aus hundert französischen Worten kann man nur eine endliche Zahl von Sätzen bilden, da die Zahl der Worte des französischen Wörterbuches begrenzt ist. Unter diesen Sätzen wird es solche geben, die überhaupt keinen Sinn haben, oder die keine ganze Zahl festlegen; aber jeder dieser Sätze kann höchstens eine einzige ganze Zahl festlegen. Die Anzahl der ganzen Zahlen, die auf diese Weise definiert werden können, ist mithin begrenzt; folglich gibt es sicherlich ganze Zahlen, welche so nicht definiert werden können; und unter diesen wieder gibt es gewiß eine, welche kleiner ist als alle anderen.

Nein, denn gäbe es eine solche Zahl, so würde schon ihre bloße Existenz einen Widerspruch in sich schließen, weil sie durch einen Satz definiert wäre, der weniger als hundert Worte enthält, nämlich gerade durch den Satz, der aussagt, daß sie auf die oben angegebene Weise nicht definiert werden kann.

Die dargelegte Betrachtung beruht auf einer Einteilung der ganzen Zahlen in zwei Klassen, in die, die durch einen Satz von weniger als hundert Worten festgelegt werden können, und in die, die es nicht können. Wenn wir die Frage stellen, so erklären wir damit implizite, daß diese Klassifikation unveränderlich ist, und daß wir die Betrachtung nicht beginnen, bevor wir sie nicht endgültig festgelegt haben. Aber das ist gar nicht möglich. Die Klassifikation ist nicht früher abgeschlossen, bevor wir nicht alle Sätze von weniger als hundert Worten daraufhin untersucht und diejenigen ausgeschieden haben, die keinen Sinn ergeben, sowie auch, bevor wir nicht den Sinn derer festgestellt haben, die einen Sinn ergeben. Aber unter diesen Sätzen gibt es auch solche, welche erst nach Abschluß der Klassifikation einen Sinn gewinnen können, nämlich jene, in denen von dieser Klassifikation selbst die Rede ist. Wir fassen zusammen: Die Klassifikation der ganzen Zahlen kann nicht abgeschlossen werden, bevor die Sortierung der Sätze beendet ist, und diese Sortierung kann nicht beendet werden, bevor die Klassifikation nicht festgestellt ist; es wird daher weder die Klassifikation, noch die Sortierung jemals endgültig abgeschlossen werden können.

Diese Schwierigkeiten treten noch viel öfter auf, wenn es sich um unendlich große Mengen handelt. Nehmen wir an, man wolle unter den Elementen einer solchen Reihe eine Einteilung treffen und das Prinzip der Einteilung beruhe auf irgendeiner Beziehung des einzuordnenden Elements zur Gesamtheit der Menge. Wird eine derartige Einteilung jemals als abgeschlossen angesehen werden können? Es gibt keine vollzogene Unendlichkeit und wenn wir von einer unendlich großen Anzahl sprechen, so wollen wir damit eine Gesamtheit bezeichnen, zu der unaufhörlich neue Elemente hinzugefügt werden können, ähnlich wie eine Subskriptionsliste, die in Erwartung immer neuer Unterzeichner niemals geschlossen wird. Nun wird aber die Klassifikation nicht durchgeführt werden können, bevor diese Liste nicht abgeschlossen ist; jedesmal, wenn man der Menge neue Elemente hinzufügt, ändert man die Menge, ändert daher möglicherweise auch die Beziehungen der Menge zu ihren, bereits eingeordneten Elementen; da nun auf Grund dieser Beziehung die Elemente in dieses oder jenes Fach eingeordnet worden sind, kann es vorkommen, daß zufolge dieser

4. Die Logik des Unendlichen.

Änderung eines der Elemente nicht mehr in dem richtigen Fache sich befindet und daß man es umordnen muß. Man müßte fürchten, die ganze Arbeit von vorne beginnen zu müssen; niemals würde man dahin gelangen, daß eine weitere Neueinführung von Elementen von da ab nicht mehr stattfände; das Geschäft der Einordnung könnte daher überhaupt nie zu Ende geführt werden.

Daher sind zwei Arten von Einteilungen zu unterscheiden, die sich auf Elemente unendlich großer Mengen beziehen; wohlbestimmte Einteilungen (classifications prédicatives), die durch Einführung neuer Elemente nicht umgestoßen werden können, und nicht wohlbestimmte Einteilungen (classifications non prédicatives), die bei Einführung neuer Elemente eine Umarbeitung des Ganzen notwendig machen.

Man teile zum Beispiel die Gesamtheit der ganzen Zahlen nach ihrer Größe in zwei Gruppen. Man kann feststellen, ob irgendeine Zahl größer oder kleiner ist als 10, ohne die Beziehungen dieser einzelnen Zahl zur Gesamtheit aller anderen ganzen Zahlen ins Auge zu fassen. Hat man etwa die ersten 100 ganzen Zahlen eingeordnet, so wird man wissen, welche unter ihnen kleiner und welche größer sind als 10; führt man nun die Zahl 101 oder irgendeine der folgenden Zahlen ein, so bleiben diejenigen von den hundert Zahlen, die kleiner als 10 gewesen

4. Die Logik des Unendlichen.

waren, auch nachher kleiner als 10, und die größer als 10 gewesen waren, bleiben größer; die Einteilung ist wohlbestimmt.

Denken wir uns nun im Gegensatze hiezu, man wolle die Punkte des Raumes nach dem Gesichtspunkte einteilen, ob sie sich durch eine endliche Anzahl von Worten festlegen lassen oder nicht. Unter allen möglichen Sätzen wird es auch solche geben, welche eine Beziehung auf die Gesamtheit der Menge, also sozusagen den Raum oder Teile des Raumes enthalten. Sobald wir neue Raumpunkte einführen würden, könnten diese Sätze eine Änderung ihres Sinnes erfahren und nicht mehr denselben Punkt bezeichnen wie früher; oder sie könnten sogar überhaupt jeden Sinn verlieren, oder andere Sätze können einen Sinn erhalten, die vorher keinen gehabt hatten. Punkte, die früher nicht definierbar waren, werden einer Definition fähig; andere werden wieder diese Eigenschaft, die sie früher besessen, verlieren. Sie müßten aus der einen Kategorie in die andere überstellt werden; die Einteilung ist keine wohlbestimmte.

Nun gibt es tüchtige Denker, die der Ansicht sind, daß man überhaupt nur über solche Gegenstände Schlüsse ziehen darf, die sich durch eine endliche Anzahl von Worten definieren lassen, und ich bin so weit davon entfernt, sie nicht als tüchtige Denker anzusehen, daß ich an späterer Stelle ihre Ansicht

4. Die Logik des Unendlichen.

selbst zu verteidigen gesonnen bin. Man kann daher finden, daß das vorausgegangene Beispiel schlecht gewählt war, aber es ist leicht, es zu verbessern.

Um die ganzen Zahlen, oder die Punkte des Raumes zu klassifizieren, will ich den Satz in Betracht ziehen, der jede ganze Zahl oder jeden Punkt definiert. Da es vorkommen kann, daß ein und dieselbe ganze Zahl oder derselbe Punkt durch mehrere Sätze eindeutig bestimmt werden kann, will ich solche Sätze in alphabetische Reihenfolge bringen und den wählen, der an erster Stelle zu stehen kommt. Nach diesen Festsetzungen wird der so ausgewählte Satz mit einem Selbstlaut oder mit einem Mitlaut enden müssen; nach diesem Merkmal könnte man nun die Einteilung vollziehen. Aber diese Einteilung wäre keine wohlbestimmte; durch Einführung neuer ganzer Zahlen, beziehungsweise Punkte könnten Sätze, die keinen Sinn hatten, einen bekommen. Und in das Verzeichnis, das die Sätze enthält, die eine bereits festgelegte Zahl oder einen Punkt kennzeichnen, müßten neue Sätze aufgenommen werden, denen bisher ein Sinn nicht zugesprochen worden war, die jetzt aber einen solchen erhalten haben und genau denselben Punkt definieren. Es wird sich ereignen können, daß die neu eingeschobenen Sätze an die Spitze der alphabetisch geordneten Reihe treten, und auf einen Selbstlaut enden, während die alten Sätze auf einen Mitlaut

4. Die Logik des Unendlichen.

geendet hatten. Und dann müßte unsere ganze Zahl oder unser Punkt, der vorläufig in die eine Gruppe eingereiht worden war, nunmehr in die andere versetzt werden.

Teilen wir dagegen die Punkte des Raumes nach der Größe ihrer Punktkoordinaten ein, indem wir etwa übereinkommen, die Gesamtheit aller derer festzustellen, deren Abszisse kleiner als 10 ist, so wird die Einführung neuer Punkte nichts an dieser Einteilung ändern. Die bereits eingeführten Punkte, die dieser Bedingung genügten, werden auch nach Einführung neuer Punkte nicht aufhören, es zu tun. Die Klassifikation wird eine wohlbestimmte sein.

Das, was wir soeben von Einteilungen gesagt haben, läßt sich ohne weiteres auch auf Definitionen anwenden, denn jede Definition ist in Wirklichkeit eine Klassifikation. Sie trennt die Gegenstände, die der Definition entsprechen, von denen, die es nicht tun, und teilt sie so in zwei getrennte Klassen. Geht die Definition schulgemäß vor, per genus proximum et differentiam specificam, so beruht sie offenbar auf der Unterteilung der Gattung in Arten. Ebenso wie eine Einteilung kann daher auch eine Definition „wohlbestimmt" sein oder nicht.

Aber hier tritt eine Schwierigkeit auf. Kehren wir zu dem vorigen Beispiel zurück. Die ganzen Zahlen gehören in die Klasse A oder B, je nachdem sie größer oder kleiner sind als $10^1/_2$. Ich denke mir nun gewisse Zahlen *a, b, c* . . . . definiert und ihre Einteilung in die beiden Klassen *A* und *B* vollzogen. Ich definiere nun neue ganze Zahlen und führe sie ein. Ich habe gesagt, daß die Einteilung sich dadurch nicht ändert und daß die Klassifikation daher eine wohlbestimmte ist. Aber damit sich die Stellung der Zahl *a* in der Klassifikation nicht ändert, genügt es nicht, daß sich die Fächer der Einteilung nicht geändert haben, es ist weiter notwendig, daß auch die Zahl *a* dieselbe geblieben ist, daß also ihre Definition, wie wir sagen, eine wohlbestimmte ist. So kann man von einem gewissen Gesichtspunkt aus nicht sagen, die Klassifikation sei absolut wohlbestimmt, sondern nur, sie sei wohlbestimmt in bezug auf eine bestimmte Art der Definition.

§ 2. — Die Mächtigkeit.

Die vorstehenden Überlegungen dürfen nicht außer acht gelassen werden, bei der Definition der „Mächtigkeit" (Kardinalzahl, Anzahl der Elemente). Fassen wir zwei Mengen ins Auge, so kann man ein Gesetz der Zuordnung zwischen den Dingen dieser beiden Mengen aufzustellen suchen, derart, daß jedem Dinge der ersten Menge ein und nur ein Ding der zweiten entspricht, und umgekehrt. Ist das möglich, so sagt man, die beiden Mengen haben dieselbe Mächtigkeit.

Aber auch hier kommt hinzu, daß das Gesetz der

4. Die Logik des Unendlichen.

Zuordnung wohlbestimmt sein muß. Handelt es sich um zwei unendliche Mengen, so wird man diese beiden Mengen niemals als wirklich ausgeschöpft ansehen können. Nehmen wir an, wir hätten eine bestimmte Anzahl von Dingen der ersten Reihe herausgegriffen, so wird uns das Gesetz der Zuordnung gestatten, die diesen Dingen entsprechenden Dinge der zweiten Menge anzugeben. Führen wir dann neue Gegenstände ein, so kann es sich ereignen, daß diese Einführung den Sinn des Zuordnungsgesetzes ändert, derart, daß das Ding A' der zweiten Klasse, das vor der Einführung dem Gegenstande A der ersten Klasse entsprochen hat, nach dieser Einführung ihm nicht mehr entspricht. In diesem Fall wird das Gesetz der Zuordnung kein wohlbestimmtes sein.

Wir wollen diesen Gegensatz durch zwei Beispiele näher erläutern. Ich denke mir die Gesamtheit der ganzen Zahlen einerseits und die der geraden Zahlen andererseits. Jeder ganzen Zahl n werde ich die gerade Zahl $2n$ zuordnen können. Führe ich nun neue ganze Zahlen ein, so wird trotzdem stets dieselbe ganze Zahl zu der Zahl n zugeordnet bleiben. Das Gesetz der Zuordnung ist wohlbestimmt, und ebenso verhält es sich auch in all den Fällen, die von Cantor ins Auge gefaßt werden, zum Beispiel, um zu zeigen, daß die Mächtigkeit der rationalen Zahlen gleich der der ganzen Zahlen ist, oder daß die Mäch-

4. Die Logik des Unendlichen.

tigkeit der Punkte des Raumes gleich ist der Mächtigkeit der Punkte auf einer Linie.

Nehmen wir dagegen an, man wolle nun die Mächtigkeit der ganzen Zahlen vergleichen mit der Mächtigkeit der Punkte des Raumes, die man durch eine bestimmte endliche Anzahl von Worten festlegen kann und man führe die folgende Zuordnung durch: Ich lege eine Tafel aller möglicher Sätze an, ordne sie nach der Zahl ihrer Worte, und bringe die, die die gleiche Wortzahl haben, in alphabetische Reihenfolge. Ich streiche ferner alle die, die keinen Sinn ergeben oder keinen Punkt definieren, oder die schließlich einen bereits von einem vorausgegangenen Satze definierten Punkt kennzeichnen. Ich ordne jedem Punkte den Satz, durch den er festgelegt ist, zu und die Nummer, die dieser Satz auf der so ausgeforsteten Tafel trägt.

Sobald ich neue Punkte einführe, könnte es geschehen, daß Sätze, welche keinen Sinn hatten, einen bekämen. Man müßte sie auf der Tafel wieder eintragen, von der man sie vorher gelöscht hatte und die Nummern aller übrigen Sätze würden geändert worden sein, unsere Zuordnungen würden vollständig umgestoßen sein. Das Gesetz der Zuordnung ist kein wohlbestimmtes.

Wenn man auf diese Bedingung bei der Vergleichung der Mächtigkeiten keine Rücksicht nimmt, wird man zu den sonderbarsten Widersprüchen ge-

4. Die Logik des Unendlichen.

führt. Es folgt daher, daß man die Definition der Mächtigkeiten in dem Sinne abzuändern hat, daß das Gesetz der Zuordnung, auf das die Definition sich gründet, ein wohlbestimmtes sein muß.

Jedes Gesetz der Zuordnung ruht auf einer doppelten Klassifikation. Man muß die Gegenstände beider Mengen ordnen, die man aufeinander beziehen will und die beiden Klassifikationen müssen parallel gehen; wenn z. B. die Gegenstände der ersten Menge in Klassen zerfallen, diese wieder in Ordnungen, diese in Familien usw., so muß das auch mit den Gegenständen der zweiten Menge der Fall sein. Jeder Klasse der ersten Anordnung muß eine Klasse der zweiten Anordnung entsprechen und nur eine, jeder Ordnung eine Ordnung usw., bis man zu den Individuen selbst gelangt. Man sieht nun, welche Bedingung erfüllt sein muß, damit ein Zuordnungsgesetz wohlbestimmt ist. Es ist notwendig, daß die beiden Klassifikationen, auf denen das Gesetz beruht, selbst wohlbestimmt sind.

§ 3. — Die Untersuchungen von Russell.

Russell veröffentlicht im American Journal of Mathematics Band 30 unter dem Titel „Mathematical logics as based on the Theory of Types" eine Abhandlung, in der er sich auf Überlegungen stützt, die mit den vorausgegangenen durchaus verwandt sind. Nach Anführung einiger der bekann-

4. Die Logik des Unendlichen.

testen Paradoxen der Logiker sucht er ihren Ursprung zu ermitteln und erblickt ihn mit Recht in einer Art circulus vitiosus. Man gelangt zu Widersprüchen, weil man Mengen der Betrachtung unterzogen hat, die Elemente enthielten, in deren Definition der Begriff der Menge selbst einging. Man hat sich also nicht wohlbestimmter Definitionen bedient; man hat, wie Russell sagt, die Worte „all" und „any" verwechselt, die man etwa durch die Worte „alle" und „jeder beliebige" wiedergeben könnte.

So wird er zu einer Vorstellung geführt, die er die „Rangordnung der Typen" nennt. Es sei eine Aussage richtig für ein b e l i e b i g e s Individuum einer gegebenen Klasse. Unter einem beliebigen Individuum müssen wir zunächst alle Individuen dieser Klasse verstehen, die man definieren kann, ohne sich des durch die Behauptung selbst gebildeten Begriffes zu bedienen. Ich möchte sie „beliebige Individuen erster Ordnung" nennen; sobald ich sage, die Behauptung sei richtig für alle diese Individuen, spreche ich eine „Behauptung der ersten Ordnung" aus. Ein beliebiges Individuum zweiter Ordnung wäre ein Individuum, in dessen Definition der Begriff der Behauptung erster Ordnung eingehen kann. Bejahe ich die Behauptung bezüglich aller Individuen zweiter Ordnung, so erhalte ich eine Behauptung zweiter Ordnung. Die Individuen dritter Ordnung werden jene sein, in deren Definition der Begriff, der durch

4. Die Logik des Unendlichen.

die Behauptung zweiter Ordnung gegeben ist, eingehen kann usw.

Nehmen wir das Beispiel des Epimenides. Ein Lügner erster Ordnung wäre jener, der stets lügt, außer wenn er sagt, ich bin ein Lügner erster Ordnung. Ein Lügner zweiter Ordnung wäre der, welcher stets lügt, selbst wenn er sagt, ich bin ein Lügner erster Ordnung, der aber nicht mehr lügt, sobald er sagt, ich bin ein Lügner zweiter Ordnung usw. Wenn uns nun also Epimenides sagte: „Ich bin ein Lügner", so könnten wir ihm entgegnen: „Von welcher Ordnung?" und erst nach Beantwortung dieser berechtigten Frage hätte seine Aussage überhaupt einen Sinn.

Wenden wir uns einem mehr wissenschaftlichen Beispiele zu und fassen wir die Definition der ganzen Zahl ins Auge. Man sagt, eine Eigenschaft sei rekursiv, wenn sie für Null gilt und wenn sie nicht für n gelten kann, ohne für $n+1$ zu gelten; man sagt, daß alle Zahlen, die eine rekursive Eigenschaft besitzen, eine Rekursionsreihe bilden. Mithin ist eine ganze Zahl zufolge ihrer Definition eine Zahl, welche alle Rekursiveigenschaften in sich vereinigt, d. h. die allen Rekursionsreihen angehört.

Kann man aus dieser Definition schließen, daß die Summe zweier ganzer Zahlen eine ganze Zahl ist? Es scheint, daß der Schluß zulässig ist; denn wenn n eine gegebene ganze Zahl ist, so bilden die

Zahlen x, die so beschaffen sind, daß $n + x$ eine ganze Zahl ist, eine Rekursionsreihe. Die Zahl x kann daher keine ganze Zahl sein, wenn es nicht $n + x$ ist. Aber die Definition dieser Rekursionsreihe, von der wir sprechen, ist nicht wohlbestimmt, denn in diese Definition (die uns lehrt, daß $n + x$ eine ganze Zahl sein muß) geht der Begriff der ganzen Zahl ein, der schon die Kenntnis aller Rekursionsreihen vorweg nimmt.

Daher ist es notwendig, folgenden Umweg einzuschlagen: Wir nennen Rekursionsreihen erster Ordnung alle jene, die man ohne den Begriff der ganzen Zahl einführen kann, und ganze Zahlen erster Ordnung jene Zahlen, welche allen Rekursionsreihen erster Ordnung angehören; wir nennen ferner Rekursionsreihen zweiter Ordnung jene, die man mit Hilfe der Kenntnis der ganzen Zahl erster Ordnung definieren kann, aber ohne Benützung des Begriffes einer ganzen Zahl höherer Ordnung. Wir nennen ganze Zahlen zweiter Ordnung jene Zahlen, welche allen Rekursionsreihen zweiter Ordnung angehören usw. Was wir also zeigen können ist nicht, daß die Summe zweier ganzer Zahlen eine ganze Zahl ist, sondern daß die Summe zweier ganzer Zahlen von der Ordnung K eine ganze Zahl von der Ordnung $K-1$ ist.

Ich glaube, diese Beispiele werden genügen, um klar zu machen, was Russell die Rangordnung der

4. Die Logik des Unendlichen.

Typen nennt. Aber es ergeben sich noch andere Fragen, über die der Verfasser sich nicht ausspricht.

1. Nach dieser Rangordnung kann man ohne Schwierigkeiten Behauptungen erster, zweiter, dritter Ordnung usw., allgemein n-ter Ordnung einführen, wobei n eine beliebige, endliche, ganze Zahl ist. Ist es möglich, in gleicher Weise Behauptungen von der Ordnung α zu betrachten, wobei α eine unendliche ganze Zahl ist? König hat eine Theorie ausgebildet, die sich nicht wesentlich von der von Russell unterscheidet. Dabei bedient er sich einer besonderen Redeweise; er bezeichnet durch $A\,(NV)$ die Gegenstände erster Ordnung, durch $A\,(NV)^2$ die Gegenstände zweiter Ordnung usw., wobei NV die Anfangsbuchstaben des Ausdruckes ne varietur sind. König nun zögert nicht, $A\,(NV)^\alpha$ einzuführen, wo α unendlich groß ist, ohne übrigens genügend zu erklären, was er damit meint.

2. Wenn man auf die erste Frage mit ja antwortet, muß man darlegen, was man mit Objekten von der Ordnung ω, wobei ω abzählbar unendlich ist, oder mit Objekten von der Ordnung α meint, wobei α eine beliebige Unendlichkeitszahl ist.

3. Antwortet man dagegen auf die erste Frage mit nein, wie wird man dann auf der Theorie der Typen die Unterscheidung zwischen endlichen und unendlichen Zahlen aufbauen können? Diese Theorie verliert ihren Sinn, wenn man nicht annimmt, daß

116   4. Die Logik des Unendlichen.

diese Unterscheidung bereits durchgeführt ist.

4. Allgemein gesprochen: mag man die erste Frage mit ja oder nein beantworten, die Theorie der Typen ist unverständlich, wenn man nicht die Theorie der Ordnungszahlen als bereits festgesetzt annimmt. Wie kann man dann aber die Theorie der Ordnungszahlen auf die der Typen begründen?

§ 4. — Das Axiom der Reduktibilität.

Russell führt ein neues Axiom ein, das er „axiom of reducibility" nennt. Da ich nicht sicher bin, seinen Gedankengang vollkommen aufgefaßt zu haben, lasse ich ihn selbst sprechen: „We assume, that every function is equivalent, for all its value to same predicative function of the same argument." Aber um diese Aussage zu verstehen, muß man auf die zu Beginn der Untersuchung gegebenen Definitionen zurückgreifen. Was ist eine Funktion und was ist eine wohlbestimmte Funktion (function prédicative)? Wird eine Behauptung ausgesprochen bezüglich eines gegebenen Objektes a, so ist das eine besondere Behauptung; spricht man die Behauptung aus bezüglich eines unbestimmten Objektes x, so ist das die Behauptung einer Funktionalbeziehung von x. Die Behauptung wird von bestimmter Ordnung in bezug auf die Rangordnung der Typen sein und diese Ordnung wird nicht die gleiche sein ohne Rücksicht auf x, sondern sie wird

4. Die Logik des Unendlichen.

von der Ordnung des x abhängen. Die Funktion wird nun dann als wohlbestimmt zu bezeichnen sein, wenn sie von der Ordnung $K+1$ ist, sobald x von der Ordnung K ist.

Nach diesen Festsetzungen ist der Sinn des Axiomes noch nicht vollkommen klar und ein paar Beispiele wären nicht überflüssig. Russell jedoch hat keines gegeben und ich möchte es vermeiden, ein Beispiel meiner Erfindung hinzuzufügen, weil ich fürchte, seinen Gedankengang falsch auszulegen, da ich nicht sicher bin, ihn vollkommen erfaßt zu haben. Aber auch ohne dieses scheint mir darüber kein Zweifel zu obwalten, daß es sich um ein neues Axiom handelt. Auf Grund dieses Axioms hofft man, das Prinzip der mathematischen Induktion zu erklären; daß dies möglich sei, möchte ich um so weniger bestreiten, als ich vermute, daß dieses Axiom nur eine andere Form eben dieses Prinzipes ist.

Ich kann mich nicht enthalten, dabei an alle die Leute zu denken, die vorgeben, das Postulat des Euklides zu erklären, indem sie sich auf irgendeine Folgerung desselben stützen und diese Folgerung als eine in sich evidente Tatsache ansehen. Was haben sie damit gewonnen? So evident diese Wahrheit auch sei, so wird sie es nicht in höherem Maße sein als das Postulat selbst.

Wir gewinnen also nichts in bezug auf die Zahl

4. Die Logik des Unendlichen.

der Postulate; gewinnen wir wenigstens etwas in bezug auf ihre Beschaffenheit?

Worin übertrifft nun also das neue Axiom das Prinzip der Induktion?

1. Ist es eines einfachereren und klareren Ausdruckes fähig? Dies ist möglich, denn die Form, die Russell ihm gegeben hat, läßt sich ohne Zweifel verbessern; aber es ist wenig wahrscheinlich.

2. Ist das Axiom der Reduktibilität allgemeiner als das Prinzip der Induktion, derart, daß man dieses Axiom nicht auf Grund des Induktionsprinzipes herleiten kann?

3. Oder ist vielleicht das Axiom nur scheinbar weniger allgemein als das Induktionsprinzip, so daß man nicht unmittelbar einsieht, daß das zweite im ersten enthalten ist, obwohl es der Fall ist?

4. Ist die Anwendung des Axiomes der natürlichen Veranlagung unseres Geistes angemessener; und kann man das psychologisch rechtfertigen?

Ich beschränke mich darauf, diese Fragen zu stellen. Es fehlen mir die Glieder sie zu lösen, da ich nicht zu einem vollständigen Verständnisse des Sinnes jenes Axiomes gelangen konnte.

Wenn ich aber auch nicht auf Grund der gedrängten Andeutungen Russells hoffen kann, vollkommen in den Sinn des Axioms eingedrungen zu sein, so darf ich doch wenigstens einige Vermutungen aussprechen. Betrachten wir eine Aussage von der

4. Die Logik des Unendlichen.

Art, wie es die Definition der ganzen Zahl ist. Eine endliche ganze Zahl ist eine Zahl, welche allen Rekursionsreihen angehört; diese Aussage hat in sich selbst noch keinen Sinn; sie gewinnt ihn erst, sobald man die Ordnungszahl der Rekursionsreihe angibt, um die es sich handelt. Nun verhält es sich aber glücklicherweise so: Jede ganze Zahl zweiter Ordnung ist a fortiori eine ganze Zahl erster Ordnung, da sie in allen Rekursionsreihen der zwei ersten Ordnungen vorkommt und folglich auch in allen jenen der ersten Ordnung; in gleicher Weise ist jede ganze Zahl von der Ordnung K a fortiori eine ganze Zahl von der Ordnung $K-1$. So werden wir dazu geführt, eine Reihe von immer mehr eingeschränkten Klassen einzuführen, nämlich ganze Zahlen erster, zweiter, ... n-ter Ordnung, deren jede in allen vorangegangenen enthalten ist. Ich werde eine ganze Zahl von der Ordnung ω jede Zahl nennen, welche gleichzeitig in allen diesen Klassen vorkommt; und diese Definition der ganzen Zahl von der Ordnung ω gewinnt nun einen Sinn und kann als äquivalent angesehen werden mit der oben gegebenen Definition der ganzen Zahl, die keinen Sinn hatte. Ist dies nun eine richtige Anwendung des Axioms der Reduktibilität im Sinne Russels? Ich gebe dieses Beispiel nur zögernd.

Nehmen wir es gleichwohl an und verwenden wir das Theorem, um die Frage nach der Summe zweier ganzer Zahlen zu untersuchen. Wir haben festgestellt, daß die Summe zweier ganzer Zahlen von der Ordnung K eine ganze Zahl von der Ordnung $K-1$ ist und wir wollen nun schließen, daß, wenn x und n zwei ganze Zahlen von der Ordnung ω sind, auch die Summe $n+x$ eine ganze Zahl von der Ordnung ω ist. Um das zu beweisen, wird es genügen zu zeigen, daß die Summe eine ganze Zahl von der Ordnung K ist, wie groß auch der Wert von K sei. Wenn nun n und x ganze Zahlen von der Ordnung ω sind, so werden sie a fortiori ganze Zahlen von der Ordnung $K+1$ sein, und unter Verwendung des eben aufgestellten Theorems ist $n+x$ mithin eine ganze Zahl von der Ordnung K. D. Q. E. D.

Ist das nun die Form, in der man sich des Axioms von Russell zu bedienen hat? Ich weiß wohl, daß es nicht genau der Fall ist und daß Russell der Überlegung eine ganz andere Form gegeben hätte. Aber der Kern wäre derselbe geblieben.

Ich will mich hier nicht darüber verbreiten, ob diese Art der Beweisführung zwingend ist.

Für den Augenblick möchte ich mich damit begnügen, folgendes zu bemerken. Wir wurden dazu geführt, neben dem Begriffe der Objekte n-ter Ordnung den der Objekte der Ordnung ω einzuführen und wir glauben, in bezug auf die ganzen Zahlen mit der Definition dieses neuen Begriffes erfolgreich

4. Die Logik des Unendlichen.

gewesen zu sein. Aber damit würde man nicht immer Erfolg haben; für das Beispiel des Epimenides etwa würde das gar nichts fruchten. Das, was den Erfolg verbürgt, ist folgender Umstand. Die untersuchte Klassifikation war nicht wohlbestimmt, denn die Einführung neuer Elemente kann zur Umänderung der Einteilung der früher eingeführten und bereits eingeteilten Elemente führen. Aber stets könnte eine solche Umänderung nur in einem Sinne erfolgen: man könnte sich genötigt sehen, Elemente aus der Klasse A in die Klasse B zu überweisen, nämlich aus der Klasse der ganzen Zahlen in die der nicht ganzen Zahlen, aber niemals könnte man in die Lage kommen, ein Element aus der Klasse B in die Klasse A verweisen zu müssen. Eine neue Übereinkunft wäre nötig, um die Elemente der Ordnung ω zu definieren, wenn die Änderung ebensowohl in dem einen, wie in dem entgegengesetzten Sinne hätte erfolgen können.

Außerdem ist die Definition der ganzen Zahlen von der Ordnung ω nicht mehr dasselbe, wie die der ganzen Zahlen K-ter Ordnung, solange K eine endliche Zahl ist. Man definiert die ganzen Zahlen K-ter Ordnung durch Rekursion, indem man den Begriff der ganzen Zahlen K-ter Ordnung aus dem der ganzen Zahlen $K-1$ter Ordnung herleitet. Die ganzen Zahlen der Ordnung ω aber definiert man durch einen Grenzübergang, indem man diesen neuen

Begriff von einer unbegrenzten Zahl vorausgegangener Begriffe abhängen läßt, nämlich von denen der ganzen Zahlen aller endlichen Ordnungen. Die beiden Definitionen wären daher unverständlich für jemand, der nicht schon wüßte, was eine endliche Zahl ist; sie s e t z e n die Unterscheidung zwischen endlichen und unendlichen Zahlen v o r a u s. Daher kann man auf sie unmöglich diese Unterscheidung zu begründen hoffen.

§ 5. — Die Untersuchungen von Zermelo.

In einer ganz anderen Richtung sucht Zermelo die Lösung der Schwierigkeiten, auf die wir hingewiesen haben. Er bemüht sich ein System a priorischer Axiome zur Grundlage zu machen, die ihm gestatten sollen, alle mathematischen Wahrheiten, ohne der Gefahr eines Widerspruchs ausgesetzt zu sein, zu entwickeln. Man kann über die Rolle, die die Axiome spielen, eine verschiedene Auffassung haben, man kann sie als willkürliche Festsetzungen betrachten, die nichts anderes sind als versteckte Definitionen der Grundbegriffe. So führt zu Beginn seiner Geometrie Hilbert „Dinge" ein, die er Punkte, Gerade und Ebenen nennt, und indem er für einen Augenblick den gemeinen Sinn dieser Worte vergißt oder zu vergessen vorgibt, stellt er zwischen diesen „Dingen" gewisse Beziehungen fest, die jene definieren.

4. Die Logik des Unendlichen.

Damit dies berechtigt ist, ist es notwendig zu zeigen, daß die so eingeführten Axiome nicht zu Widersprüchen führen, und Hilbert ist dieser Nachweis bezüglich der Geometrie vollkommen gelungen, weil er die Methode der Analyse als bereits gegeben voraussetzt und sich ihrer daher für diesen Nachweis bedienen konnte. Zermelo hat nicht nachgewiesen, daß seine Axiome Widersprüche ausschließen, er konnte das auch gar nicht tun, weil ihm dabei die Möglichkeit gefehlt hätte, sich auf andere, bereits eingeführte Wahrheiten zu stützen. Er nimmt an, daß es solche aufgestellte Wahrheiten, eine fertige Wissenschaft überhaupt noch nicht gebe, er macht tabula rasa und will, daß seine Axiome sich selbst vollkommen genügen.

Solche Postulate dürfen daher ihre Begründung nicht in einer Art willkürlicher Festsetzung finden, sondern sie müssen in sich selbst einleuchtend sein. Es ist zwar nicht notwendig, daß wir die Evidenz beweisen, weil man Evidenz eben nicht beweisen kann, wohl aber, daß wir den psychologischen Mechanismus zu durchblicken suchen, der das Bewußtsein der Evidenz hervorgerufen hat. Und hieraus entspringt die ganze Schwierigkeit. Zermelo läßt gewisse Axiome zu, verwirft aber andere, die von vornherein ebenso evident erscheinen, wie die, die er beibehält. Würde er alle beibehalten, so würde er in Widersprüche verfallen; er ist daher ge-

4. Die Logik des Unendlichen.

zwungen, eine Wahl zu treffen. Man kann nun fragen, welche Gründe seine Wahl beeinflußt haben, und das nötigt uns zu einiger Aufmerksamkeit.

Er beginnt damit, die Definition Cantors abzulehnen, „eine Menge ist die Gesamtheit beliebiger, voneinander verschiedener Dinge, insofern sie ein Ganzes bilden". Man hat daher nicht das Recht, von der Menge aller Objekte zu sprechen, die dieser oder jener Bedingung genügen. Diese Objekte bilden keine „Menge", aber es wird gut sein, irgend etwas an die Stelle der Definition zu setzen, die man ablehnt. Zermelo beschränkt sich darauf, zu sagen: Wir betrachten einen Bereich beliebiger Objekte; es kann vorkommen, daß zwischen zwei seiner Objekte x und y eine Beziehung von der Form $x \, \varepsilon \, y$ besteht; wir sagen dann, x sei ein Element von y, und y sei eine „Menge".

Offenbar ist das keine Definition, denn wer nicht weiß, was eine „Menge" ist, wird es auch nachher nicht wissen, wenn er erfahren hat, daß sie durch das Symbol ε dargestellt wird, solange er nicht weiß, was ε bedeutet[1]). Das würde angehen, wenn das Zeichen ε durch die folgenden Axiome, die als willkürliche Festsetzungen angesprochen werden können, definiert würde. Aber wir werden gleich sehen, daß

---

1) $x \, \varepsilon \, y =$ Zeichen für y „enthält" x. (Anm. d. Übers.).

4. Die Logik des Unendlichen.

diese Ansicht nicht zutrifft. Wir müssen daher bei der Anschauung Hilfe suchen, was eine Menge ist, und diese Anschauung ist es, die uns verstehen läßt, was das Symbol ε bedeutet, das ohne diese Anschauung ein jedes Sinns beraubtes Zeichen wäre und von dem man daher auch keine Eigenschaft als in sich evident aussagen könnte. Aber was kann diese Anschauung anderes sein als eben Cantors Definition, die wir so geringschätzig abgelehnt haben?

Gehen wir jetzt über diese Schwierigkeit hinweg, die wir noch ausführlicher aufzuklären suchen wollen und zählen wir die von Zermelo zugelassenen Axiome auf; es sind sieben an der Zahl:

1. Zwei Mengen, die dieselben Elemente enthalten, sind identisch. (Axiom der Bestimmtheit[1]).)

2. Es gibt eine Menge, die gar kein Element enthält, die Nullmenge; existiert ein Objekt a, so existiert eine Menge (a), deren einziges Element a ist; existieren zwei Objekte a und b, so existiert eine Menge $(a\,b)$, deren einzige Elemente diese beiden Objekte sind. (Axiom der Elementarmengen[1]).)

3. Die Gesamtheit aller Elemente einer Menge M, die einer Bedingung x genügen, bilden eine Menge, die man als Untermenge von M bezeichnet. (Axiom der Aussonderung[1]).)

---

[1]) Anm. d. Übers.

4. Die Logik des Unendlichen.

4. Jeder Menge T entspricht eine Menge UT, die aus allen Untermengen von T besteht. (Axiom der Potenzmenge[1]).)

5. Betrachten wir eine Menge T, deren Elemente selbst Mengen sind, so existiert eine Menge ST, deren Elemente die Elemente der Elemente von T sind. Wenn zum Beispiel T drei Elemente A, B, C enthält, die selbst wieder Mengen sind, und wenn A die beiden Elemente a und a', ferner B die beiden Elemente b und b', schließlich C die Elemente c und c' enthält, so hat die Menge ST sechs Elemente: a, b, c, a', b', c'. (Axiom der Vereinigung[1]).)

6. Sind die Elemente einer Menge T selbst wieder Mengen, so kann man aus jeder dieser Elementarmengen ein Element auswählen, und die Gesamtheit der so ausgewählten Elemente bildet eine Untermenge der Menge ST. (Axiom der Auswahl[1]).)

7. Es gibt mindestens eine unendliche Menge. (Axiom des Unendlichen[1]).)

Vor der Besprechung dieser Axiome muß ich die Frage beantworten, warum ich bei ihrer Wiedergabe das deutsche Wort „Menge" beibehalten habe, statt es durch das französische Wort „ensemble" zu übersetzen. Es geschah dies, weil ich nicht sicher bin, ob das Wort „Menge" in jenen Axiomen den gewöhnlichen Wortsinn beibehält; sonst wäre es schwer, die

---

[1] Anm. d. Übers.

4. Die Logik des Unendlichen.

Definition Cantors abzulehnen; das französische Wort „ensemble" ruft diese anschauliche Bedeutung so gebieterisch hervor, daß man es nicht ohne Unzukömmlichkeiten anwenden kann, sobald diese Bedeutung geändert wird.

Ich möchte mich nicht weiter bei dem siebenten Axiom aufhalten; ich muß aber doch ein Wort sagen, um die äußerst eigenartige Form hervorzuheben, in der Zermelo es ausspricht. Er begnügt sich nicht damit, es so auszusprechen, wie ich es getan habe; er sagt: „Es existiert eine Menge M, die das Element a nicht enthalten kann, ohne gleichzeitig als Element auch die Menge (a) zu enthalten, das heißt, die Menge, deren einziges Element a ist. Wenn also die Menge M das Element a zuläßt, so läßt sie auch eine Reihe anderer Elemente zu, nämlich die Menge, deren einziges Element a ist, ferner die Menge, deren einziges Element die Menge ist, deren einziges Element a ist usw." Man sieht also, daß die Zahl der Elemente unendlich sein muß. Für den ersten Augenblick wird der ganze Vorgang recht absonderlich und künstlich anmuten, und er ist es auch in der Tat; aber Zermelo wollte vermeiden, das Wort unendlich auszusprechen, weil er seine Axiome als der Unterscheidung zwischen endlich und unendlich vorausgehend ansieht.

Gehen wir zu den ersten sechs Axiomen über; sie können als evident betrachtet werden, sobald man dem Worte „Menge" seinen anschaulichen Wortsinn beilegt, **und man nur eine begrenzte Anzahl von Gegenständen der Betrachtung unterzieht**. Aber sie sind es nicht in höherem Maße als das achte, welches der Verfasser ausdrücklich ablehnt:

8. **Beliebige Objekte bilden eine Menge.**

Wir müssen uns daher jetzt die Frage vorlegen: Warum schwindet die Evidenz des Axioms (8), sobald es sich um unendlich viele Objekte handelt, während die Evidenz der sechs ersten bestehen bleibt?

Wenn wir uns, um diese Frage zu lösen, an den Wortlaut der Axiome halten, so erstaunen wir zunächst über folgendes: Wir müssen feststellen, daß alle diese Axiome uns ohne Ausnahme nur eine einzige Sache lehren: daß nämlich die nach bestimmten Gesetzen erfolgende Zusammenfassung von Dingen eine „Menge" bildet. Diese Axiome scheinen somit nur Vorschriften zu sein, bestimmt, als bloße Wortdefinitionen den Sinn des Wortes „Menge" zu umgrenzen. Und das trifft ebensowohl für das achte Axiom zu, das wir verwerfen, wie für die sechs ersten, die wir anerkennen.

Aber sehr bald werden wir gewahr, daß dieser erste Eindruck trügerisch war; denn bloße Wort-

4. Die Logik des Unendlichen.

definitionen würden uns nicht der Gefahr eines Widerspruches aussetzen; ein solcher Widerspruch wäre nicht zu befürchten, außer wenn wir andere Axiome hätten, die aussagen würden, daß bestimmte Zusammenfassungen k e i n e M e n g e n s i n d; solche Axiome haben wir aber nicht. Trotzdem geschieht die Ablehnung des achten Axioms, um einem Widerspruch zu entgehen; Zermelo spricht das ausdrücklich aus.

Er darf daher seine Axiome nicht als bloße Wortdefinitionen ansehen, sondern er muß dem Worte Menge einen bestimmten anschaulichen Sinn beigelegt haben, der all seinen Aussagen vorausgeht; wenn dieser Sinn auch etwas von dem gewöhnlichen Wortsinne abweicht. Man kann das feststellen, wenn man beobachtet, welchen Gebrauch der Verfasser von dem Begriff bei seinen Überlegungen macht. Eine „Menge", das ist eine Sache, über die man Überlegungen anstellen kann; sie ist etwas in gewissem Sinne Festes und Unveränderliches. Eine Gesamtheit von Dingen, eine „Menge" definieren, heißt stets eine Klassifikation durchführen, nämlich die Dinge, die der Gesamtheit angehören, von denen trennen, die ihr nicht angehören. Wir würden daher sagen, daß eine Gesamtheit keine Menge bildet, wenn die ihr entsprechende Klassifikation nicht wohlbestimmt ist, daß sie aber eine Menge bildet, wenn das der Fall ist oder wenn man wenigstens die Überlegungen gerade so führen kann, als ob es der Fall wäre.

Wenn wir das achte Axiom ablehnen, so geschieht es, weil beliebige Elemente zwar zweifellos eine Gesamtheit bilden, aber eine Gesamtheit, welche nicht geschlossen sein muß, und deren Anordnung durch Hinzufügung neuer, noch nicht ins Auge gefaßter Elemente jederzeit umgestoßen werden kann. Eine solche Gesamtheit ist nicht wohlbestimmt; wenn wir hingegen sagen, jeder Menge T entspreche eine andere Menge UT oder ST, die wir in bestimmter Weise definieren, so sagen wir damit schon aus, daß diese Definition wohlbestimmt ist, oder daß wir das Recht haben, sie so zu behandeln, als ob sie es wäre.

Hier ist der Ort, von einer Unterscheidung zu sprechen, welche eine wesentliche Rolle in der Theorie von Zermelo spielt. „Eine Frage oder Aussage E, über deren Gültigkeit oder Ungültigkeit die Grundbeziehungen des Bereiches vermöge der Axiome und der allgemeingültigen logischen Gesetze ohne Willkür unterscheiden, heißt ‚definit'." Das Wort „definit" scheint offenbar synonym mit dem Worte „wohlbestimmt" (prédicativ) zu sein, aber der Gebrauch, den Zermelo von dem Worte macht, zeigt, daß die Bedeutungen doch nicht vollkommen gleich sind. Nehmen wir z. B. an, die Frage E sei die folgende: Welche Elemente der

4. Die Logik des Unendlichen.

Menge M stehen in einer bestimmten Beziehung zu a l l e n anderen Elementen derselben Menge, wobei wir übereinkommen, zu sagen, alle Elemente, für die man die Frage mit „ja" beantworten kann, bilden eine Klasse K? Für mich, und ich glaube auch für Russell, ist eine derartige Frage nicht wohlbestimmt; da nämlich die Zahl der „allen anderen" Elemente eine unbegrenzte ist, so daß man unaufhörlich neue Elemente einführen kann, wird es vorkommen können, daß unter den neueingeführten Elementen sich solche befinden, die nach der Definition unter den Begriff der Klasse K fallen, das heißt, unter die Gesamtheit der Elemente, die die Eigenschaft E besitzen. Für Zermelo wäre diese Frage d e f i n i t, ohne daß ich streng zu fassen wüßte, wo die scharfe Grenzlinie liegt, zwischen Fragen, welche „definit" sind, und denen, die es nicht sind. Zermelo selbst ist der Ansicht, daß, um zu wissen, ob ein Element eine Eigenschaft in bezug auf a l l e anderen Elemente besitzt, es genügt, zu zeigen, daß es diese Eigenschaft gegenüber j e d e m e i n z e l n e n Elemente besitzt. Ist die Frage „definit" bezüglich jedes einzelnen Elementes, so wird sie es ipso facto auch bezüglich aller Elemente sein.

Hier kommt nun der Unterschied in unseren Auffassungen zum Vorschein. Zermelo versagt es sich, eine Gesamtheit von allen Objekten zu betrachten, die einer gewissen Bedingung genügen, da er der

Ansicht ist, daß eine solche Gesamtheit niemals geschlossen ist und daß man stets neue Elemente in sie einführen kann. Andererseits trägt er kein Bedenken, von einer Gesamtheit von Dingen zu sprechen, welche einer bestimmten Menge M angehören und welche überdies einer bestimmten Bedingung genügen. Nach seiner Auffassung kann man eine Menge nicht besitzen, ohne zu gleicher Zeit im Besitze aller ihrer Elemente zu sein. Unter diesen Elementen wählt er die, die einer gegebenen Bedingung genügen und er kann dies wohl mit voller Beruhigung durchführen, ohne fürchten zu müssen, daß durch Einführung neuer und noch nicht ins Auge gefaßter Elemente eine Störung eintritt, weil er diese Elemente ja alle bereits in Händen hat. Dadurch, daß er seine Menge M an die Spitze stellt, richtet er eine Umfriedungsmauer auf, welche alle lästigen Eindringlinge abhält, die von außen hereinkommen könnten. Aber er fragt nicht, ob es nicht auch im Innern solche unwillkommene Gäste gibt, die er durch seine Mauer mit umfriedet hat. Hat eine Menge M eine unendliche Anzahl von Elementen, so will das nicht sagen, daß alle ihre Elemente von vornherein als gleichzeitig existierend erfaßt werden können, sondern daß unaufhörlich neue entwickelt werden können; sie werden sich nun im Innern der Mauer bilden, anstatt außerhalb derselben, das ist der ganze Unterschied. Wenn ich

4. Die Logik des Unendlichen.

von allen ganzen Zahlen spreche, so meine ich damit alle ganzen Zahlen, die man ersonnen hat und alle, die man jemals ersinnen könnte; wenn ich von allen Raumpunkten spreche, so will ich damit alle Punkte bezeichnen, deren Koordinaten sich durch Rationalzahlen oder durch algebraische Zahlen oder durch bestimmte Integrale ausdrücken lassen oder auf irgendeine andere Weise, die man ausfindig machen könnte. Und gerade in diesem „man könnte" liegt die unbeschränkte Mannigfaltigkeit. Man könnte mannigfaltige Formen der Definition ersinnen und wenn wir wiederum zu unserer Frage E und unserer Klasse K zurückkehren, so erhebt sich die Frage E immer wieder von neuem, sobald man ein neues Element von M definiert. Unter den Elementen nun, welche wir definieren können, werden stets auch solche sein, deren Definition von der Klasse K selbst abhängt, derart, daß man einem circulus vitiosus nicht entgehen kann.

Das ist es, weshalb die Axiome von Zermelo mich nicht vollkommen befriedigen können. Sie erscheinen mir nicht nur nicht als evident, sondern wenn man mich fragte, ob sie in sich widerspruchsfrei sind, so wüßte ich nicht, was ich darauf antworten sollte. Der Verfasser glaubte, dem Paradoxon der größten Kardinalzahl ausweichen zu können, indem er sich jeder Betrachtung enthielt, die über den Bereich einer vollkommen geschlossenen

Menge hinausgeht; er glaubt, dem Paradoxon von Richard zu entgehen, indem er nur „definite" Fragen zuläßt, was zufolge der Bedeutung, die er diesem Ausdrucke gibt, jede Betrachtung über Objekte ausschließt, die durch eine bestimmte Anzahl von Worten definiert werden können. Wenn er aber auch seinen Schafstall wohl verschlossen hat, so bin ich nicht sicher, ob er den Wolf nicht mit eingeschlossen hat. Ich könnte mich nur beruhigen, wenn er gezeigt hätte, daß er gegen jeden Widerspruch gedeckt ist; ich weiß wohl, daß er das nicht tun konnte, da er doch sich hätte z. B. auf das Prinzip der Induktion stützen müssen, das er nicht in Zweifel zog, das er aber in der Folge herzuleiten in Aussicht stellte. Er hätte es müssen beiseite lassen; es wäre dies auf Kosten eines logischen Fehlers geschehen, aber wenigstens wüßten wir, woran wir sind.

§ 6. — Über die Verwendung des Unendlichen.

Ist es möglich, Betrachtungen über Gegenstände anzustellen, welche nicht durch eine endliche Anzahl von Worten definiert werden können? Ist es nur möglich von etwas zu sprechen, wenn man das, wovon man redet, kennt, indem man alles andere als leere Worte bezeichnet? Oder muß man solche Gegenstände im Gegenteil als unvorstellbar ansehen?

4. Die Logik des Unendlichen.

Was mich anlangt, zögere ich nicht, zu erklären, daß sie durchaus Nichtigkeiten sind.

Alle Gegenstände, mit denen wir es jemals zu tun haben können, sind entweder durch eine begrenzte Zahl von Worten definierbar, oder sie sind überhaupt nicht vollkommen bestimmt und bleiben ununterscheidbar in einer Fülle anderer Objekte. Wir werden nicht imstande sein, bündige Schlüsse über sie zu ziehen, außer, wenn wir sie von diesen übrigen Objekten unterschieden haben werden, mit denen sie vermischt waren, d. h. sobald wir imstande sind, sie durch eine endliche Anzahl von Worten zu definieren.

Betrachten wir eine Menge und wollen wir ihre verschiedenen Elemente definieren, so wird diese Definition naturgemäß in zwei Teile zerfallen. Der erste Teil der Definition, der allen Elementen der Menge gemeinsam ist, wird uns lehren, sie von den Elementen zu unterscheiden, die dieser Menge nicht angehören; das ist die Definition der Menge. Der zweite Teil wird uns in die Lage setzen, die einzelnen Elemente der Menge voneinander zu unterscheiden.

Jeder dieser beiden Teile muß aus einer endlichen Anzahl von Worten bestehen. Spricht man von allen Elementen einer Menge, deren Definition man gibt, so will man damit alle die Objekte bezeichnen, die dem ersten Teile der Definition Genüge leisten und deren Definition man durch irgendeinen Satz

4. Die Logik des Unendlichen.

von endlicher Wortzahl beenden könnte, sobald man wollte. Man gibt nur die Hälfte der Definition und überläßt es uns, sie zu vervollständigen. Die zweite Hälfte können wir nach freiem Ermessen ergänzen; aber es ist notwendig, daß wir diese Ergänzung vornehmen. Spreche ich eine Behauptung in bezug auf alle Objekte einer Menge aus, so will ich damit sagen, daß, wenn ein Objekt dem ersten Teile der Bedingung genügt, die Behauptung bezüglich des Objektes richtig bleiben wird, auf welche Art auch immer wir den zweiten Teil formulieren. Wenn man aber auch diese Formulierung ganz nach Belieben vornehmen kann, so ist es doch notwendig, sie vorzunehmen, sonst wäre das Objekt nicht vorstellbar und die Aussage selbst hätte keinen Sinn.

Damit soll nicht gesagt sein, daß man gegen diese Art der Auffassung keine Einwendungen erheben könnte und erhoben hat. Die Sätze von endlicher Wortzahl können stets abgezählt werden, da man sie z. B. alphabetisch anordnen kann. Wenn alle denkbaren Objekte durch derartige Sätze definiert sein müssen, dann wird man ihnen auch eine Nummer zuweisen können. Es könnte daher nicht mehr denkbare Objekte als ganze Zahlen geben. Betrachtet man z. B. den Raum, und schließt die Punkte aus, die nicht durch eine endliche Zahl von Worten definiert werden können und die in Wirklichkeit reine Nichtigkeiten sind, so bleiben nicht mehr

4. Die Logik des Unendlichen.

Punkte übrig als ganze Zahlen. Cantor aber hat das Gegenteil bewiesen.

Darin liegt ein bloßer Trugschluß. Raumpunkte durch den Satz, der zu ihrer Definition dient, zu ersetzen, diese Sätze und die entsprechenden Punkte nach den Buchstaben anzuordnen, welche jene Sätze bilden, heißt eine Klassifikation einführen, die nicht wohlbestimmt ist und die all die Unzukömmlichkeiten, all die Fehlschlüsse und Widersprüche mit sich bringt, von denen ich eingangs dieses Abschnittes gesprochen habe. Was will Cantor sagen und was hat er in Wirklichkeit gezeigt? Man kann zwischen den ganzen Zahlen und den Punkten des Raumes, die sich durch eine endliche Wortzahl definieren lassen, kein Gesetz der Zuordnung auffinden, das folgenden Bedingungen entspricht:

1. Das Gesetz läßt sich durch eine endliche Anzahl von Worten aussprechen.

2. Wenn irgendeine ganze Zahl gegeben ist, so kann man den entsprechenden Raumpunkt ausfindig machen und dieser Punkt wird vollkommen und unzweideutig bestimmt sein; die Definition dieses Punktes setzt sich aus zwei Teilen zusammen. Die Definition der ganzen Zahl und der Ausdruck des Gesetzes der Zuordnung werden sich auf eine endliche Zahl von Worten beschränken, da unsere ganze Zahl sich definieren läßt und auch unser Gesetz

4. Die Logik des Unendlichen.

durch eine beschränkte Anzahl von Worten sich aussprechen läßt.

3. Ist ein Punkt des Raumes gegeben, von dem ich annehme, daß er durch eine endliche Anzahl von Worten festgelegt werden kann, **ohne daß ich die Möglichkeit ausschließe, daß in dieser Definition Anspielungen auf das Gesetz der Zuordnung selbst vorkommen können** — und das ist wesentlich für den Cantorschen Beweis — so gibt es eine ganze Zahl, welche unzweideutig bestimmt ist durch den Wortlaut des Gesetzes der Zuordnung und durch die Definition des Punktes P.

4. Das Gesetz der Zuordnung muß ein wohlbestimmtes sein, d. h. wenn es einen Punkt P einer ganzen Zahl zuordnet, so darf es nicht aufhören, denselben Punkt P derselben ganzen Zahl zuzuordnen, sobald man neue Raumpunkte einführt.

Das ist es, was Cantor gezeigt hat, und das wird stets wahr bleiben. Man sieht, wie kompliziert der Sinn dessen ist, was der kurze Satz in sich schließt: Die Mächtigkeit der Raumpunkte ist größer als die der ganzen Zahlen.

Was haben wir nun daraus zu schließen? Jeder Satz der Mathematik muß verifizierbar sein. Sobald ich ein Theorem ausspreche, so behaupte ich, daß alle Verifikationen, die man versuchen könnte, Erfolg haben müssen; und selbst wenn eine der Veri-

4. Die Logik des Unendlichen.

fikationen einen Arbeitsaufwand erforderte, der die Kräfte eines Menschen übersteigt, so behaupte ich, daß wenn mehrere Geschlechter, hundert, wenn es sein muß, sich dieser Verifikation widmen würden, sie schließlich doch zum Ziele führen müßte. Ein Theorem hat keinen anderen Sinn und dies bleibt auch noch wahr, wenn in der Aussage von unendlich großen Zahlen die Rede ist. Da aber die Verifikation sich nur auf endliche Zahlen erstrecken kann, folgt, daß jedes Theorem über unendlich große Zahlen oder insbesondere über das, was man unendliche Mengen, unendliche Kardinalzahlen oder unendliche Ordnungszahlen usw. nennt, nichts anderes sein kann, als eine abgekürzte Form für den Ausdruck einer Behauptung über endliche Zahlen. Wäre es anders, so wäre das Theorem nicht verifizierbar und wenn es nicht verifizierbar wäre, so hätte es keinen Sinn.

Es folgt, daß ein Axiom, das von unendlich großen Zahlen handelt, keine Evidenz besitzen kann. Jede Eigenschaft der unendlich großen Zahlen ist nichts anderes als eine Übertragung einer Eigenschaft der endlichen Zahlen. Diese letztere ist es, die evident sein kann, wobei es jedoch notwendig wäre, die erstere Eigenschaft durch Vergleich mit der letzteren herzuleiten und dabei nachzuweisen, daß die Übertragung eine exakte ist.

§ 7. — Zusammenfassung.

Die Widersprüche, zu denen gewisse Logiker geführt wurden, haben ihren Ursprung darin, daß sie einem gewissen circulus vitiosus nicht entrinnen konnten. Das geschieht wohl bei der Betrachtung endlicher Mengen, viel öfter aber bei der Untersuchung unendlich großer Mengen. Im ersten Falle hätten sie leicht die Schlinge vermeiden können, in die sie sich verfangen haben, oder, schärfer gesagt, sie suchten selbst die Schlinge auf und verfingen sich absichtlich in ihr. Ja, sie mußten mit voller Aufmerksamkeit vorgehen, um nicht neben die Schlinge zu kommen. Mit einem Worte, in diesem Falle sind die Widersprüche kaum mehr als eine Spielerei. Ganz anders aber sind jene Widersprüche beschaffen, welche auf dem Begriffe des Unendlichen beruhen. Es kommt häufig vor, daß man ganz unbeabsichtigt in einen solchen Widerspruch verfällt und selbst wenn man ihn vermieden hat, ist man nicht vollkommen beruhigt.

Die Versuche, die man gemacht hat, um diese Schwierigkeiten zu umgehen, sind aus mehr als einem Grunde beachtenswert, aber sie sind durchaus nicht vollkommen zufriedenstellend. Zermelo wollte ein unfehlbares System von Axiomen errichten; aber seine Axiome können nicht als willkürliche Festsetzungen angesehen werden, da er zeigen müßte,

4. Die Logik des Unendlichen. 141

daß diese Festsetzungen nicht zu Widersprüchen führen und da er vollkommen tabula rasa macht, hat er keine Objekte mehr zur Verfügung, an denen er einen derartigen Nachweis erbringen könnte. Daher müssen seine Axiome in sich evident sein. Was ist nun der Mechanismus, aus dem heraus er sie aufgestellt hat? Er führt Axiome an, welche wahr sind für endliche Mengen; er war nicht imstande, alle diese Axiome auch auf unendliche Mengen zu erstrecken. Und er vollzog diese Erweiterung daher nur für eine bestimmte Anzahl unter ihnen, deren Auswahl mehr oder weniger willkürlich ist. Nach meiner Ansicht übrigens kann, wie ich schon weiter oben ausführte, irgendeine Aussage, die sich auf unendliche Mengen bezieht, überhaupt nicht durch bloße Anschauung evident sein. Russell hat es besser verstanden, das Wesentliche der Schwierigkeiten zu überwinden. Aber auch er hat sie nicht vollkommen überwunden, da er bei seiner Rangordnung der Typen die Theorie der Ordnungen bereits als durchgeführt voraussetzt.

Was mich anlangt, so würde ich vorschlagen, an den folgenden Regeln festzuhalten:

1. Niemals andere Objekte der Betrachtung zu unterziehen, als solche, die sich durch eine endliche Zahl von Worten definieren lassen.

2. Niemals aus den Augen zu verlieren, daß jede Aussage über das Unendliche nur eine Übertragung,

4. Die Logik des Unendlichen.

ein gekürzter Ausdruck für eine Aussage über das Endliche ist.

3. Klassifikationen und Definitionen, die nicht wohlbestimmt sind, zu vermeiden.

Alle die Untersuchungen, von denen wir gesprochen haben, haben einen gemeinsamen Grundzug. Man stellt sich vor, einem Schüler Mathematik zu lehren, welcher noch nicht den Unterschied zwischen dem Endlichen und dem Unendlichen kennt. Man beeilt sich nicht, ihm zu lehren, worin dieser Unterschied besteht. Man fährt fort, ihm alles darzulegen, was man über das Unendliche wissen kann, ohne sich vorher bezüglich dieser Unterscheidung eine feste Meinung zu bilden. Und schließlich zeigt man ihm in einer entlegenen Gegend des Gebietes, das man ihn hat durchlaufen lassen, ein kleines Fleckchen, auf dem die endlichen Zahlen sich finden.

Das scheint mir ein psychologischer Irrweg. So geht der menschliche Geist nicht unbefangen vor und selbst, wenn man sich, ohne in Widersprüche zu verfallen, hindurchwinden könnte, so wäre das nichtsdestoweniger eine jeder gesunden Psychologie entgegengesetzte Methode.

Russell würde mir sicher entgegenhalten, daß es sich nicht um Psychologie, sondern um Logik und Erkenntnistheorie handelt und ich würde dann dazu geführt werden, zu antworten, daß weder Logik noch Erkenntnistheorie von der Psychologie unabhängig sind und dieses Bekenntnis würde wohl die Auseinandersetzung beschließen, weil es eine unüberbrückbare Verschiedenheit der Auffassung zutage fördern würde.

5. Die Mathematik und die Logik.

Vor einigen Jahren hatte ich Gelegenheit, gewisse Ideen zu veröffentlichen über die Logik des Unendlichen, über die Verwendung des Unendlichkeitsbegriffes in der Mathematik und über die Anwendung, die man seit Cantor davon macht. Ich habe dargelegt, warum ich gewisse Arten der Überlegung nicht als berechtigt ansehen kann, deren sich hervorragende Mathematiker bedienen zu dürfen glaubten[1]. Ich habe natürlich lebhafte Entgegnungen erhalten; die betreffenden Mathematiker glaubten sich nicht im Irrtume. Sie waren der Ansicht, daß der Weg, den sie eingeschlagen hatten, berechtigt sei. Die Auseinandersetzungen zogen sich ins Endlose. Nicht als ob man unaufhörlich neue Argumente ins Treffen geführt hätte, sondern weil man stets sich im gleichen Kreise bewegte, indem jeder der Streitteile seine Aussage wiederholte, ohne offenbar die Darlegungen des Gegners voll zu würdigen. Alle

---

1) Siehe Abschnitt IV.

5. Die Mathematik und die Logik.

Augenblicke erhielt ich einen neuen Beweis des strittigen Prinzipes, der es über jeden Zweifel hinausheben sollte. Aber dieser Beweis war im Grunde stets derselbe und die Mühe umsonst. So kam man zu keinem Ende. Und wenn ich sagen sollte, daß ich darüber erstaunt war, so würde ich mir damit ein schlechtes Zeugnis über meine psychologische Voraussicht ausstellen.

Ist es unter diesen Umständen am Platze, noch einmal die gleichen Argumente zu wiederholen, denen ich vielleicht eine neue Gestalt geben könnte, an denen ich aber nichts Wesentliches verändern könnte, da nach meiner Ansicht nichts vorgebracht wurde, was sie erschüttern könnte? Ich halte es für empfehlenswerter, zu untersuchen, was die Ursache dieser Verschiedenheit in der Denkweise sein kann, die zu solchen Gegensätzen der Auffassung führt. Ich habe eben gesagt, daß diese unüberbrückbaren Gegensätze mich nicht in Erstaunen versetzt haben, daß ich sie von Anfang an vorausgesehen habe. Das enthebt uns indes nicht, nach einer Erklärung dafür zu suchen. Man kann eine Tatsache auf Grund wiederholter Erfahrungen voraussehen und doch über ihre Erklärung ganz im Unklaren sein.

Suchen wir nun den Gedankengang der beiden gegnerischen Schulen von einem vollkommen sachlichen Standpunkte aus zu erforschen, als ob wir uns selbst außerhalb dieser Schulen befänden und

5. Die Mathematik und die Logik.

einen Kampf zweier feindlicher Lager beschrieben. Wir werden zunächst feststellen, daß die Mathematiker in der Art, wie sie den Unendlichkeitsbegriff auffassen, zwei entgegengesetzten Richtungen zuneigen. Für die einen fließt das Unendliche aus dem Endlichen, für sie gibt es eine Unendlichkeit, weil es eine unbegrenzte Zahl begrenzter möglicher Dinge gibt. Für die anderen besteht das Unendliche vor dem Endlichen, indem das Endliche sich als ein kleiner Ausschnitt aus dem Unendlichen darstellt.

Ein Lehrsatz muß verifizierbar sein. Aber da wir selbst begrenzte Wesen sind, können wir nur mit begrenzten Dingen operieren. Wenn daher auch der Begriff des Unendlichen im Wortlaute des Lehrsatzes eine Rolle spielt, so darf doch in der Verifikation davon nicht mehr die Rede sein, sonst wäre eine solche Verifikation unmöglich. Ich greife als Beispiel Sätze wie etwa die folgenden heraus: Die Reihe der Primzahlen ist unbegrenzt, die Reihe $\Sigma \frac{1}{n^2}$ ist konvergent usw. Jeder dieser Sätze läßt sich durch Gleichungen oder Ungleichungen zum Ausdrucke bringen, in denen nur endliche Zahlen auftreten. In diesen Lehrsätzen tritt das Unendliche auf, nicht weil in einer der möglichen Verifikationen das Unendliche vorkommt, sondern weil die Zahl der möglichen Verifikationen unbegrenzt ist.

Wenn ich einen Lehrsatz ausspreche, so behaupte ich, daß alle Verifikationen desselben zum Ziele führen. Wohl verstanden, man führt nicht alle durch; es wird unter ihnen solche geben, die ich zwar insofern als möglich bezeichnen kann, weil sie nur eine endliche Zeit in Anspruch nehmen, die aber praktisch undurchführbar wären, weil sie eine jahrelange Arbeit erfordern würden. Es genügt, daß man sich einen Menschen vorstellen kann, der reich und verschroben genug ist, um die Verifikationen zu erzwingen, indem er eine genügende Anzahl von Hilfskräften anstellt. Der Beweis des Lehrsatzes hat eben gerade den Zweck, ein solches törichtes Vorgehen überflüssig zu machen.

Hat nun ein Lehrsatz, der keine verifizierbare Schlußfolgerung zeigt, überhaupt einen Sinn oder allgemeiner, hat ein Lehrsatz noch einen Sinn über die Verifikationen hinaus, die er zuläßt? Das ist der Punkt, in dem die Ansichten der Mathematiker auseinandergehen. Die der ersten Richtung, ich möchte sie als die Pragmatiker bezeichnen, weil ich ihnen eben einen Namen geben muß, antworten mit nein. Legt man ihnen einen Satz vor, ohne ihnen die Möglichkeit zu geben, ihn zu verifizieren, so sehen sie ihn als etwas ganz Wertloses an. Sie wollen es nur mit Gegenständen zu tun haben, die man mit einer begrenzten Anzahl von Worten definieren kann; spricht man in irgendeiner Überlegung von einem Gegenstande A, der bestimmten Bedingungen genügt, so verstehen sie darunter einen Gegenstand, der den

5. Die Mathematik und die Logik. 147

genannten Bedingungen genügt ohne Rücksicht auf die Form der Aussage, derer man sich bedient, um seine Definition zu geben, vorausgesetzt, daß es durch eine endliche Anzahl von Worten geschieht.

Die Mathematiker der anderen Richtung, die ich der Kürze halber als Cantorianer bezeichnen möchte, wollen das nicht zugestehen. So redselig auch ein Mensch sei, wird er doch niemals in seinem Leben mehr als eine Milliarde Worte sprechen können; werden wir also alle die Gegenstände von der Forschung ausschließen, deren Definition mehr als eine Milliarde von Worten erfordert? Und wenn wir sie nicht ausschließen, warum sollen wir dann die ausschließen, die nur durch eine unbegrenzte Anzahl von Worten festgelegt werden können, da doch die wirkliche Ausführung sowohl in dem einen, wie auch in dem anderen Falle menschliche Kraft übersteigt?

Dieses Argument läßt, genau besehen, die Pragmatiker kalt. Soviel Worte auch ein einzelner Mensch sprechen kann, die Menschheit wird noch eine viel größere Anzahl von Worten sprechen können und da wir den Zeitraum nicht kennen, während dessen sie bestehen wird, können wir den Bereich der möglichen Festsetzungen nicht im voraus begrenzen. Wir wissen nur, daß dieser Bereich stets endlich bleiben wird und selbst wenn wir den Zeitpunkt des Verschwindens des Menschengeschlechtes angeben könnten, so gibt es doch andere Gestirne, auf denen das auf der Erde begonnene Werk fortgesetzt werden könnte. Die Pragmatiker würden sich übrigens nicht gegen die Vorstellung einer Menschheit sträuben, die weitergehende Ausdrucksmöglichkeiten hätte als die unsere, dabei aber doch das Wesentliche des Menschen bewahrte. Sie lehnen nur eine Überlegung ab auf Grund der Vorstellung irgendeines, ich möchte sagen göttlichen Wesens von unbegrenzter Ausdrucksfähigkeit, das imstande wäre, in endlicher Zeit eine unendliche Anzahl von Worten zu denken. Die Mathematiker der anderen Richtung dagegen stellen sich vor, daß die Objekte in einer Art großen Niederlage vorhanden sind, unabhängig von menschlichen oder göttlichen Wesen, die darüber sprechen oder nachsinnen könnten. In diesem Lager können wir unsere Wahl treffen. Wir haben zweifellos weder genug Hunger, noch genug Geld, um alles anzukaufen, aber der Vorrat der Niederlage ist unabhängig von der Kaufkraft der Kunden. Aus diesem grundlegenden Mißverständnisse stammen alle die Gegensätze im einzelnen.

Nehmen wir z. B. das Theorem von Zermelo, wonach der Raum sich in eine wohlgeordnete Menge umformen läßt; die Cantorianer geben sich mit der Strenge der Beweisführung, sei sie nun wirklich oder scheinbar, zufrieden. Die Pragmatiker werden ihnen entgegnen: Sie sagen, daß Sie den Raum in eine wohlgeordnete Menge umformen können.

5. Die Mathematik und die Logik.

Wohlan, tun Sie es. — Das würde zu lange dauern. — Also zeigen Sie uns wenigstens, daß jemand, der Zeit und Geduld genug hätte, die Transformationen durchführen könnte. — Das geht nicht, weil die Anzahl der durchzuführenden Operationen unbegrenzt ist, sogar größer ist als Aleph-Null[1]). — Können Sie zeigen, wie man durch eine endliche Anzahl von Worten das Gesetz ausdrücken kann, welches gestattet, den Raum in eine Wohlordnung aufzulösen? — Nein. — Damit ist für die Pragmatiker entschieden, daß das Theorem entweder gar keinen Sinn hat oder falsch oder wenigstens unbeweisbar ist.

Die Pragmatiker stellen sich auf den Standpunkt der Erstreckung (extension), die Cantorianer auf den Standpunkt der Erfassung (compréhension). Handelt es sich um eine endliche Menge, so kann dieser Unterschied nur vom Standpunkte der formalen Logik aus von Interesse sein; aber es scheint, daß er tiefere Bedeutung hat, was die unendlichen Mengen anlangt. Stellt man sich auf den Standpunkt der Erstreckung, so besteht eine Menge aus der allmählichen Aneinanderreihung neuer Glieder. Wir können durch Verbindung der alten Glieder neue Glieder bilden, mit Hilfe dieser wieder neue Glieder und wenn die Menge unendlich ist, so ist es darum, weil keine Ursache vorliegt, diesen Vorgang abzubrechen.

---

1) Abzählbar unendlich. (Anm. d. Übers.)

5. Die Mathematik und die Logik.

Vom Standpunkte der Erfassung dagegen gehen wir von einer Menge aus, in der alle Dinge bereits vor unserer Überlegung bestehen. Sie erscheinen uns anfangs als ununterschieden. Wir legen aber gewisse unter ihnen fest, um sie wieder erkennen zu können, indem wir sie mit Aufschriften versehen oder in Fächer einordnen. Die Gegenstände aber sind früher da als die Aufschriften und die Menge selbst würde bestehen, selbst wenn es niemanden gäbe, der es unternähme, sie zu ordnen.

Für die Cantorianer hat der Begriff der Kardinalzahl nichts Wunderbares an sich. Zwei Mengen haben dieselbe Kardinalzahl, wenn man sie in dieselben Fächer einordnen kann; nichts ist einfacher als das, da die beiden Mengen bereits vorhanden sind und man auch eine Menge von Fächern als vorher bestehend ansehen kann, die ebenfalls von dem Verwalter der Sammlung nicht abhängen. Für die Pragmatiker sieht die Sache anders aus; die Menge existiert für sie nicht von allem Anfang an, sondern sie vervollständigt sich fortwährend. Neue Dinge fügen sich unaufhörlich ein, welche nur unter Zugrundelegung der Kenntnis der bereits vorher eingeordneten Dinge und der Art und Weise, wie die Anordnung getroffen wurde, definiert werden können. Bei jeder neuen Erwerbung kann der Verwalter der Sammlung sich gezwungen sehen, seine Fächer wieder auszuleeren, um die Möglichkeit zu be-

5. Die Mathematik und die Logik.

kommen, sie einzuordnen. Er wird niemals wissen, ob zwei Mengen sich in denselben Fächern unterbringen lassen, weil er stets befürchten muß, daß es nötig werden kann, sie umzuordnen.

Die Pragmatiker z. B. lassen nur Dinge zu, die sich durch eine begrenzte Anzahl von Worten definieren lassen. Die möglichen Definitionen lassen sich, da sie durch Sätze ausdrückbar sind, stets abzählen mit Hilfe der natürlichen Zahlen von eins bis unendlich. Von diesem Standpunkte aus gibt es nur eine einzig mögliche Unendlichkeitszahl, nämlich Aleph-Null; warum sagen wir also, daß die Mächtigkeit des Kontinuums nicht die der ganzen Zahl ist? Sind uns alle Raumpunkte, die wir durch Worte in beschränkter Anzahl definieren können, gegeben, so können wir uns ein Gesetz denken, daß sich selbst auch durch eine endliche Anzahl von Worten ausdrücken läßt und das diese Punkte der Reihe der ganzen Zahlen zuordnet. Ziehen wir aber solche Sätze in Betracht, in denen der Begriff dieses Gesetzes der Zuordnung auftritt, so verliert das Ganze sofort seinen Sinn, weil dieses Gesetz noch nicht entdeckt ist und weil die Sätze daher nicht zur Definition von Raumpunkten dienen können; haben sie aber einen Sinn erlangt, dann gestatten sie uns, neue Raumpunkte festzulegen. Aber diese neuen Punkte werden nicht mehr in der angenommenen Anordnung Platz finden und das wird uns zwingen, diese umzustoßen. Das wollen wir nach Ansicht der Pragmatiker ausdrücken, wenn wir sagen, daß die Mächtigkeit des Kontinuums nicht die der ganzen Zahl ist. Wir wollen sagen, daß es unmöglich ist, zwischen diesen beiden Mengen ein Gesetz der Zuordnung aufzustellen, das gegen eine derartige Umwälzung gefeit wäre, wogegen ein gleiches möglich ist, wenn es sich z. B. um eine Gerade oder um eine Ebene handelt.

Und so sind die Pragmatiker nicht sicher, ob irgendeine Menge, genau genommen, eine Kardinalzahl besitzt, oder ob, wenn zwei Mengen gegeben sind, man stets wissen kann, ob sie von gleicher Mächtigkeit sind, oder ob die Mächtigkeit der einen größer ist als die der anderen. Und so kommen sie dazu, an der Existenz von Aleph-Eins[1]) zu zweifeln.

Eine andere Ursache der Gegensätze stammt aus der Auffassungsart der Definition. Es gibt verschiedene Arten von Definitionen. Die direkte Definition ist die, die man entweder per genus proximum et differentiam specificam oder durch Konstruktion geben kann.

Ich möchte nebenbei bemerken, daß es auch unvollständige Definitionen gibt, in dem Sinne, daß sie nicht einzelne Dinge, sondern eine ganze Gattung

---

[1]) Die auf die „abzählbare Unendlichkeit" folgende, nächst höhere Mächtigkeitszahl. (Anm. d. Übers.)

5. Die Mathematik und die Logik.

definieren. Diese Definitionen sind berechtigt und sie werden sogar am allermeisten angewendet; nach der Auffassung der Pragmatiker muß man aber darunter die Gesamtheit der einzelnen Dinge verstehen, die der gegebenen Definition genügen und deren Definition man durch eine endliche Anzahl von Worten vervollständigen könnte; für die Cantorianer wäre diese Einschränkung künstlich und bedeutungslos.

Hätte man nur direkte Definitionen, so würde das Unvermögen der reinen Logik nicht bestritten werden können. Man könnte dann in irgendeiner Behauptung jeden Ausdruck durch seine Definition ersetzen. Hätte man diese Substitution ausgeführt, so würde sich die Behauptung entweder nicht auf eine Identität zurückführen lassen und dann wäre die Behauptung eines rein logischen Beweises nicht fähig; oder es ergibt sich eine Identität, dann aber wäre die Behauptung nichts als eine mehr oder weniger geschickt versteckte Tautologie.

Nun gibt es aber noch eine andere Art der Definition. Die Definition durch Postulate. Im allgemeinen werden wir wissen, daß das festzulegende Objekt einem bestimmten Genus angehört, aber wenn es sich um die Aussage der differentia specifica handelt, spricht man sie nicht direkt aus, sondern mit Hilfe eines Postulates, dem das festzulegende Objekt zu genügen hat. So können die

Mathematiker eine Größe x durch die explizite Gleichung
$$x = f(y)$$
oder durch die implizite Gleichung
$$F(x\,y) = 0$$
darstellen.

Die Definition durch Postulat hat keinen Wert, wenn man nicht gezeigt hat, daß das festzulegende Objekt wirklich existiert; in der Redeweise der Mathematik will das besagen, daß das Postulat keinen Widerspruch in sich schließen darf. Man hat kein Recht, diesen Umstand außer acht zu lassen. Entweder muß man das Nichtvorhandensein eines Widerspruches als eine durch die Anschauung gegebene Wahrheit, als ein Axiom, als eine Art Glaubensakt hinnehmen; dann aber muß man sich davon Rechenschaft geben und beachten, daß man die Reihe der unbeweisbaren Axiome um eines vermehrt hat. Oder aber man muß den Beweis der Existenz regelrecht führen, sei es per exemplum, sei es durch eine Rekursionsbetrachtung. Dieser Nachweis ist nicht weniger notwendig, wenn es sich um eine direkte Definition handelt, aber er ist im allgemeinen viel leichter zu führen.

Manche Pragmatiker gehen in ihren Anforderungen noch weiter. Sie sehen eine Definition noch nicht als berechtigt an, wenn sie lediglich der Bedingung genügt, daß sie zu keinen Widersprüchen

5. Die Mathematik und die Logik.

unter den Aussagen führt, sondern sie muß auch einen Sinn haben von ihrem besonderen Gesichtspunkte aus, welchen ich oben darzulegen versucht habe.

Wie dem auch sei, bleibt die Logik auch nach Einführung der Definition durch Postulate unfruchtbar? Wir können nicht mehr, wenn uns eine Behauptung vorgelegt ist, jeden Ausdruck darin durch seine Definition ersetzen. Was wir tun können ist, diesen Ausdruck durch die Behauptung und das Postulat, das zu seiner Definition dient, zu eliminieren. Wenn dies nach den Regeln, die man als logische Eliminationsmethode bezeichnen könnte, durchgeführt ist, dann führt sie uns entweder nicht zu einer Identität, d. h. die Behauptung ist rein logisch nicht zu beweisen, oder sie führt zu einer Identität, dann ist die Behauptung eine bloße Tautologie. Wir haben also an unseren früheren Schlüssen nichts zu ändern.

Es gibt nun noch eine dritte Art von Definitionen, was eine neue Quelle von Mißverständnissen zwischen den Pragmatikern und den Cantorianern bildet. Es gibt auch Definitionen durch Postulate, wo das Postulat eine Beziehung zwischen den festzulegenden Gegenständen und allen Einzeldingen der Gattung ausdrückt, der der festzulegende Gegenstand nach Annahme selbst angehört (Fall I), oder der wenigstens einzelne Dinge angehören, die selbst nicht ohne

Beziehung auf den festzulegenden Gegenstand definiert werden können (Fall II). Das tritt ein, wenn wir die beiden folgenden Postulate aufstellen:

X (der festzulegende Gegenstand) hat irgendeine bestimmte Beziehung zu allen Einzeldingen der Gattung G,

X gehört der Gattung G an (Fall I);

oder die drei folgenden Postulate:

X hat irgendeine bestimmte Beziehung zu allen Individuen der Gattung G,

Y hängt ab von X,

Y gehört der Gattung G an (Fall II).

Für die Pragmatiker enthält eine derartige Definition einen circulus vitiosus. Man kann X nicht definieren, ohne alle Individuen der Gattung G zu kennen und folglich kann man es nicht definieren, ohne X selbst zu kennen, das ja eines dieser Individuen ist. Die Cantorianer gestehen das nicht zu. Die Gattung G ist uns gegeben, folglich kennen wir alle ihre Individuen und die Definition hat nur den Zweck, unter diesen Individuen die zu unterscheiden, die mit allen ihren Genossen zusammen die ausgesprochene Beziehung haben. Nein, antworten ihre Gegner, die Kenntnis der Gattung gibt nicht die Kenntnis aller ihrer Individuen. Sie gibt nur die Möglichkeit, sie alle aufzustellen oder vielmehr so viele als man wünscht. Sie sind nicht vorhanden, bevor sie nicht wirklich gebildet sind, d. h. bevor

5. Die Mathematik und die Logik.

sie nicht definiert sind. X besitzt Existenz nur durch seine Definition, die keinen Sinn hat, wenn man nicht vorher alle Individuen von G und im besonderen X kennt. Es würde nichts nützen zu sagen, fügen sie hinzu, daß es kein circulus vitiosus sei, X durch seine Beziehung mit X selbst zu definieren, daß diese Beziehung, mit einem Worte, ein Postulat ist, das zur Definition von X dienen kann. Dann wäre es nämlich notwendig vorauszusetzen, daß dieses Postulat keinen Widerspruch in sich schließt. Das tut man bei dieser Art von Definitionen im allgemeinen nicht. Man zeigt eingangs, daß, von welcher Beschaffenheit auch die Gattung G sei, deren sämtliche Einzeldinge als bekannt angenommen werden, ein Ding X existiert, das mit dieser Gattung die in Frage stehende Beziehung hat, d. h. daß die Existenz dieses Dinges keinen Widerspruch in sich schließt; es bliebe zu zeigen, daß auch kein Widerspruch besteht zwischen dem Vorhandensein dieses Dinges und der Annahme, daß es selbst ein Mitglied dieser Gattung ist.

Die Auseinandersetzung könnte sich in die Länge ziehen. Der Punkt aber, den ich klar legen will, ist, daß, wenn diese Art von Definitionen zugelassen wird, die Logik nicht mehr unfruchtbar bleibt und der Beweis dafür liegt darin, daß man eine Fülle von Ableitungen dieser Art gegeben hat, um Behauptungen zu erweisen, die keineswegs Tautologien

5. Die Mathematik und die Logik.

sind, da es Leute gibt, die sich fragen, ob jene Behauptungen überhaupt richtig sind. Man kann die Macht bewundern, die in einem Worte ruhen kann. Man denkt sich einen Gegenstand, von dem man nichts aussagen kann, so lange er keine Benennung erhalten hat. Es genügt, ihm einen Namen zu verleihen, damit er Wunder wirkt. Wie geht das zu? Nun, wenn wir dem Gegenstande einen Namen geben, dann sprechen wir damit implizite die Behauptung aus, daß der Gegenstand auch wirklich vorhanden ist, d. h. daß er frei von jedem Widerspruche ist, und daß er außerdem vollkommen bestimmt ist. Davon aber wissen wir nichts nach den Anforderungen der Pragmatiker. Was ist nun der Mechanismus, der die Beweisführung fruchtbar macht? Er ist ziemlich einfach. Man verneint die zu beweisende Behauptung und zeigt, daß man sich in Widerspruch setzt mit der Existenz des Gegenstandes X. Dies ist aber nur berechtigt, wenn man dieser Existenz sicher ist und weiter wenn man weiß, daß der Gegenstand vollkommen bestimmt ist. Und in der Tat, leitet man X aus der Gattung G durch Definition her, vervollständigt dann die Gattung G, indem man den Gegenstand X und die übrigen Gegenstände gleicher Gattung, die man daraus herleiten kann, hinzufügt, nennt man G' die so vervollständigte Gattung und X' das Objekt, das sich aus G' durch Definition in gleicher Weise herleitet wie

5. Die Mathematik und die Logik.

X aus G, so ist es notwendig, daß man sicher ist, daß X' und X identisch sind. Wäre dies nicht der Fall und würde man durch Verneinung der zu beweisenden Behauptung auf zwei sich widersprechende Behauptungen
$$\varphi_1(X) = 0, \ \varphi_2(X) = 0$$
geführt, so könnte man nicht wissen, ob die Größe X, die in beiden Aussagen auftritt, dieselbe ist. Steht aber X in der ersten und X' in der zweiten, dann hätten wir die beiden Behauptungen in der Form zu schreiben:
$$\varphi_1(X) = 0, \ \varphi_2(X^1) = 0$$
und dann würden sie sich auch im allgemeinen nicht widersprechen.

Warum machen nun die Pragmatiker diese Einwendung? Deshalb, weil die Gattung G für sie nur eine Sammlung ist, die einer unbegrenzten Erweiterung fähig ist, in dem Maße, als man neue Elemente einführt, die die ausbedungenen Eigenschaften besitzen. So kann man G niemals als unveränderlich betrachten, wie es die Anhänger der Cantorschen Richtung tun und man ist nicht sicher, daß es nach neuen Angliederungen sich nicht in G' verändert.

Ich habe mich bemüht, so klar und so unparteiisch, als ich konnte, darzulegen, worauf die Unterschiede dieser beiden mathematischen Richtungen beruhen; es scheint mir, daß wir damit schon die wirkliche Ursache erkennen; die Forscher beider

5. Die Mathematik und die Logik.

Richtungen haben entgegengesetzte geistige Veranlagungen. Die, die ich Pragmatiker genannt habe, sind Idealisten, die Cantorianer Realisten.

Der folgende Umstand kann uns in dieser Auffassung bestärken. Wir sehen, daß die Cantorianer — mit diesem Worte, das mir bequem ist, will ich hier nicht bloß die Mathematiker bezeichnen, die offen den Wegen Cantors folgen und auch nicht bloß die Philosophen, die sich zu ihm bekennen, sondern auch die, die gleiche Tendenzen auf ganz unabhängige Art vertreten — wir sehen, habe ich gesagt, daß die Cantorschüler fortwährend von Erkenntnistheorie sprechen, d. h. von der Forschung über die Forschung; wohlverstanden, diese Art der Erkenntnistheorie ist ganz unabhängig von der Psychologie. Sie hat uns sozusagen zu lehren, was die Forschung wäre, wenn es keine Forscher gebe. Damit soll gemeint sein, daß wir die Forschung zum Gegenstande unserer Untersuchung machen, zwar nicht unter der Annahme, daß es keine Forscher gebe, aber doch ohne die Annahme, daß es der Fall sei. So ist nicht nur die Natur eine Realität, die von dem Physiker, der sich ihre Erforschung zur Aufgabe macht, unabhängig ist, sondern die Physik selbst ist auch eine Realität, welche bestehen bleibt, auch wenn es keine Physiker gebe. Das ist das Wesen des Realismus. Und warum weigern sich die Pragmatiker, Gegenstände zuzulassen, welche nicht durch eine be-

5. Die Mathematik und die Logik.

schränkte Anzahl von Worten festgelegt werden können? Deshalb, weil sie der Ansicht sind, daß ein Objekt nicht existiert, wenn es nicht gedacht ist und daß man ein gedachtes Objekt nicht unabhängig von einem denkenden Subjekt erfassen kann. Das ist der Kernpunkt des Idealismus. Und für ein denkendes Subjekt, sei es nun ein Mensch oder irgendein Wesen, das dem Menschen gleicht, also infolgedessen ein endliches Wesen, kann das Unendliche keinen anderen Sinn haben als die Möglichkeit, so viele Objekte ins Leben zu rufen, als man will.

Hier kann man eine ziemlich seltsame Bemerkung machen. Die Realisten stellen sich im allgemeinen auf den physischen Standpunkt. Es sind die materiellen Objekte, oder die individuellen Geister, oder was sie die Substanzen nennen, deren unabhängige Existenz sie behaupten. Die Welt würde für sie auch vor der Schöpfung des Menschen existiert haben, ja sogar vor der der Lebewesen überhaupt; sie würde auch noch bestehen, wenn sie weder Gott noch irgendein denkendes Subjekt hätte. Dies ist auch der Standpunkt der allgemeinen Empfindung und nur durch Reflexion kann man dazu geführt werden, ihn zu verlassen. Die Anhänger der realistischen Weltanschauung sind im allgemeinen Finitisten. In der Frage der Kantschen Antinomien stehen sie für die Thesen ein. Sie glauben, daß die Welt begrenzt ist. Das ist z. B. die Auffassungsweise von Evellin.

5. Die Mathematik und die Logik.

Im Gegensatze dazu teilen die Idealisten diese Abneigung gegen eine solche Unbegrenztheit nicht und sind ganz bereit, die Antithesen anzuerkennen.

Aber die Cantorianer sind Realisten selbst in bezug auf die mathematischen Größen. Diese Größen scheinen ihnen eine unabhängige Existenz zu besitzen. Sie schaffen die Geometrie nicht, sie entdecken sie. Diese Objekte also existieren sozusagen ohne zu existieren, da sie sich zu reinen Essentien verflüchtigen. Da nun naturgemäß die Anzahl dieser Objekte unbeschränkt ist, so sind die Anhänger des mathematischen Realismus noch in viel höherem Maße Infinitisten als die Idealisten. Ihre Unendlichkeit ist nicht eine Folgerung, da sie vor dem Geiste, der sie entdeckte, Existenz besaß. Ob sie sie bejahen oder verneinen, sie sind gezwungen, an die wirkliche Unendlichkeit zu glauben.

Dies gemahnt an die Platosche Ideenlehre. Es kann seltsam erscheinen, Plato hier unter die Realisten eingereiht zu sehen. Nichts aber ist mehr im Gegensatze zu dem zeitgenössischen Idealismus als Platos Lehre, wenn sie auch recht weit von dem physischen Realismus entfernt ist. Niemals bin ich einem Mathematiker begegnet, der in höherem Maße ein Realist im Sinne Platos war als Hermite und doch kann ich behaupten, daß ich keinem entschiedeneren Gegner der Cantorschen Richtung begegnet bin. Es ist das ein scheinbarer Widerspruch, um so

5. Die Mathematik und die Logik. 163

mehr, als er selbst aus freien Stücken erklärt: Ich bin ein Gegner Cantors, weil ich ein Realist bin. Er machte es Cantor zum Vorwurfe, die Objekte zu erschaffen, statt sie zu entdecken. Ohne Zweifel auf Grund seiner religiösen Überzeugungen hielt er es für eine Art von Überhebung, auf einmal in das Bereich eindringen zu wollen, das Gott allein ganz erfaßt, statt sich zu begnügen, daß es uns nach und nach seine Wunder enthüllt. Er verglich die mathematische Forschung mit der Naturforschung. Ein Naturforscher, der das Geheimnis der Gottheit erraten will, statt die Erfahrung zu befragen, wäre ihm nicht nur anmaßend erschienen, sondern auch unehrerbietig gegenüber der göttlichen Majestät. Die Cantorianer schienen ihm ein gleiches auf dem Gebiete der Mathematik zu tun. Und so war Hermite ein Realist in der Theorie, doch ein Idealist in der Praxis. Es existiert eine Realität des Wissens. Sie ist außer uns und unabhängig von uns. Alles aber, was wir wissen können, hängt von uns ab; es ist ein allmähliches Werden, eine Aneinanderreihung einzelner Errungenschaften. Der Rest ist wahr, aber er ist in Ewigkeit unerfaßbar.

Der Fall von Hermite ist übrigens vereinzelt und ich will dabei nicht weiter verweilen. Es hat stets Weltanschauungen entgegengesetzter Richtung gegeben und es hat nicht den Anschein, daß diese Richtungen im Begriffe sind, sich zu vereinigen. Es

5. Die Mathematik und die Logik.

ist dies zweifellos so, weil es verschiedengeartete geistige Veranlagungen gibt und weil wir daran nichts ändern können. Es ist daher auch keine Hoffnung vorhanden, daß zwischen den Pragmatikern und den Anhängern der Cantorschen Richtung eine Übereinstimmung zustande kommt. Die Menschen verstehen einander nicht, weil sie nicht dieselbe Sprache sprechen und diese Sprachen sind es, die nicht miteinander übereinstimmen.

Nun, die Mathematiker pflegen sich im allgemeinen zu verstehen; das ist aber gerade dem zu verdanken, was ich die Verifikationen nannte. Sie entscheiden in letzter Linie und ihnen beugt sich die ganze Welt. Wo aber die Verifikationen im Stiche lassen, haben die Mathematiker vor dem reinen Philosophen nichts voraus. Wie kann man aber darüber eine Entscheidung treffen, ob ein Lehrsatz einen Sinn haben kann ohne verifizierbar zu sein, da eine Verifikation von vornherein durch die Definition ausgeschlossen ist? Das Einzige, was man tun könnte, wäre das, daß man seinem Gegner einen Widerspruch nachweist.

Man hat eine Menge von Antinomien vorgebracht und der Mißklang bleibt bestehen, niemand wurde überwiesen; einem Widerspruch kann man sich stets durch einen Kunstgriff, ich möchte sagen, durch ein „distinguo" entziehen.

---

6. Die Quanten-Hypothese.

Man kann sich die Frage vorlegen, ob die Mechanik nicht im Begriffe ist, eine neuerliche Umwälzung zu erfahren. Kürzlich tagte in Brüssel ein Kongreß, bei dem 21 Physiker verschiedener Volkszugehörigkeit versammelt waren und bei jeder Gelegenheit konnte man sie von der neuen Mechanik sprechen hören, die sie in Gegensatz zur alten Mechanik stellen. Nun, was war diese alte Mechanik? War es die Newtonsche Mechanik, die ohne Widerspruch bis gegen das Ende des 19. Jahrhunderts herrschend gewesen ist? O nein, es war die Mechanik von Lorentz, die des Relativitäts-Prinzipes, die vor kaum 5 Jahren den Gipfel wissenschaftlicher Kühnheit bezeichnete.

Soll damit gesagt sein, daß dieser Lorentzschen Mechanik nur ein Eintagsleben beschieden war und sie nur eine Laune der Mode gewesen ist und daß man im Begriffe steht, zu den alten Göttern zurückzukehren, die man töricht verlassen hat? Nicht im geringsten. Die Errungenschaften von gestern werden nicht angefochten. In allen den Punkten, in denen die Lorentzsche Mechanik von der Newtonschen abweicht, bleibt sie zu Recht bestehen. Man glaubt nach wie vor, daß ein beweglicher Körper unter keinen Umständen jemals eine größere Geschwindigkeit als die des Lichtes annehmen kann,

6. Die Quanten-Hypothese.

daß die Masse eines Körpers keine unveränderliche Größe ist, sondern von seiner Geschwindigkeit abhängt und von dem Winkel, den diese Geschwindigkeit mit der auf den Körper wirkenden Kraft einschließt, ferner, daß kein Versuch jemals wird entscheiden können, ob ein Körper, absolut genommen, sich im Zustande der Ruhe oder in dem der Bewegung befinde, sei es nun in bezug auf den Raum als solchen, sei es selbst in bezug auf den Äther.

Auf diese Kühnheiten will man nur neue häufen, und zwar reichlich disharmonische. Man begnügt sich nicht mehr, bloß zu fragen, ob die Differentialgleichungen der Dynamik abgeändert werden müssen, sondern man fragt, ob die Gesetze der Bewegung sich überhaupt durch Differentialgleichungen zum Ausdrucke bringen lassen. Und das wäre die einschneidenste Umwälzung, die die Naturwissenschaft seit Newton erlebt hat. Der erleuchtete Genius Newtons erkannte klar (oder glaubte zu erkennen — man sieht, auch wir beginnen in Zweifel zu ziehen), daß der Zustand eines bewegten Systems, oder allgemeiner gesprochen, der des Weltalls, nur von dem unmittelbar vorangegangenen Zustande abhängen kann und daß alle Zustandsänderungen in der Natur in stetiger Weise verlaufen müssen. Gewiß, nicht er war es, der diese Idee schuf. Sie fand sich im Denken der Alten und dem der Scholastiker, die das Wort prägten: Natura non facit

6. Die Quanten-Hypothese.

saltus; aber die Idee war erstickt durch eine Fülle von Unkraut, das sie an einer gedeihlichen Entwicklung hinderte und das die großen Denker des 17. Jahrhunderts endgültig ausrodeten.

Diese grundlegende Idee nun wird heute in Zweifel gezogen. Man fragt sich, ob es nicht notwendig ist, in die Naturgesetze Unstetigkeiten einzuführen und zwar nicht scheinbare, sondern wirkliche und wir müssen zunächst darlegen, wie man zu einer so außergewöhnlichen Auffassung gelangt ist.

§ 1. — Die Thermodynamik und die Wahrscheinlichkeitslehre.

Wenden wir uns der kinetischen Gastheorie zu. Die Gase bestehen aus Molekülen, die sich nach allen Richtungen mit großer Geschwindigkeit umherbewegen; ihre Bahnen wären geradlinig, wenn sie nicht immer wieder aneinander prallen oder an die Gefäßwände stoßen würden. Die Wahrscheinlichkeit dieser Zusammenstöße genügt, um eine bestimmte mittlere Geschwindigkeitsverteilung festzulegen, mag man nun ihre Richtung, oder ihre Größe ins Auge fassen. Diese Durchschnittsverteilung zeigt das Bestreben, sich von selbst wieder herzustellen, sobald sie gestört worden ist, so daß ungeachtet der unübersehbaren Kompliziertheit der Bewegungen ein Beobachter, der nur die Mittelwerte registrieren kann, den Eindruck außerordentlich einfacher Gesetze

6. Die Quanten-Hypothese.

empfängt, die eine Folge des Spiels der Wahrscheinlichkeiten und der großen Zahlen sind. Er beobachtet ein **statistisches Gleichgewicht**. So sind z. B. die Geschwindigkeiten gleichmäßig über alle Richtungen verteilt. Wenn sie nämlich einmal aufhörten, es zu sein und das Bestreben zeigten, eine gemeinsame Richtung anzunehmen, so würden die Stöße nach Verlauf einer außerordentlich kurzen Zeit diese Ordnung wieder verwischt haben.

Die Rechnung führt noch zu einer anderen Folgerung. Die lebendige Kraft, die jedes Molekül **im Mittel** annimmt, ist der Zahl seiner Freiheitsgrade proportional. Ich will dies näher auseinandersetzen. Ein Körper ist imstande, eine bestimmte Anzahl verschiedener kleiner Bewegungen auszuführen, z. B. ein materieller Punkt vermag sich entsprechend den drei Achsen zu bewegen; er hat daher 3 Freiheitsgrade. Eine Kugel vermag eine ähnliche Translation parallel zu jeder der 3 Achsen auszuführen, aber außerdem eine Rotation um diese 3 Achsen; sie hat daher 6 Freiheitsgrade. Nun ist ein Molekül durchaus kein einfacher materieller Punkt. Es ist vielmehr deformationsfähig und hat deshalb auch mehr Freiheitsgrade; z. B. wird ein Argonmolekül 3, ein Sauerstoffmolekül 5 Freiheitsgrade besitzen. Nach dem Gesetze nun, das wir ausgesprochen haben und das man **das Gesetz der Gleichverteilung** nennt, muß, wenn im statistischen

6. Die Quanten-Hypothese.

Gleichgewichte ein Argonmolekül bei einer bestimmten Temperatur die lebendige Kraft —3 besitzt, ein Sauerstoffmolekül die lebendige Kraft —5 besitzen; anders ausgedrückt, die spezifischen Molekularwärmen bei konstantem Volumen für Argon und Sauerstoff müssen sich verhalten wie 3:5.

Dieses Gesetz nun, entsprechend angewendet, gilt nicht bloß für Gase. Es ergibt sich tatsächlich aus der Gestalt, welche man den Gleichungen der Dynamik beigelegt hat und als Hamiltonsche Form derselben bezeichnet. Wenn die allgemeinen Gesetze der Dynamik sich auch auf feste oder flüssige Körper beziehen, so müssen diese Körper auch. mutatis mutandis das Gesetz der Gleichverteilung befolgen.

Der Carnotsche Satz oder der zweite Hauptsatz der Wärmelehre lehrt uns, daß die Welt einem Endzustande entgegengeht, von dem sie sich nicht mehr entfernen kann; er lehrt uns daher, daß ein statistisches Gleichgewicht möglich ist. Wenn dies nicht der Fall wäre, müßten wir stets irgendeine Vorrichtung ersinnen können, die uns gestatten würde, das zu realisieren, was man ein Perpetuum mobile zweiter Art genannt hat. Letzteres würde z. B. gestatten, eine Dampfmaschine mit Eis zu heizen, indem man die Tatsache ausnützt, daß dieses Eis, so kalt es auch sei, durchaus nicht auf dem absoluten Nullpunkt sich befindet und infolgedessen eine bestimmte Wärmemenge enthält. Wären die Gesetze des statistischen Gleichgewichtes nicht dieselben, sobald man es mit den Körpern A und B, dann mit den Körpern B und C und endlich mit den Körpern C und A zu tun hat, so wäre es leicht, indem man einmal zwei von diesen Körpern und das andere Mal zwei andere zusammenbringt, die Bedingungen dieses Gleichgewichtes unaufhörlich zu ändern. Diese Körper könnten niemals endgültig zur Ruhe kommen und es würde kein wirkliches statistisches Gleichgewicht bestehen; das Carnotsche Prinzip wäre falsch.

Durch welches einzigartiges Zusammentreffen sind nun die Bedingungen dieses Gleichgewichtes stets dieselben, welche Körper auch immer man zusammenbringt? Die Überlegungen, welche uns früher diese Übereinstimmung verstehen ließen, beruhten auf der allgemeinen und auf alle Körper sich erstreckenden Gültigkeit der dynamischen Grundgesetze, die sich in den Hamiltonschen Differentialgleichungen ausdrücken.

Diese Auffassung wurde bisher stets von der Erfahrung bestätigt und die Verifikationen sind heute bereits so zahlreich, daß man sie nicht einem Zufalle zuschreiben kann. Wenn daher neue Erfahrungstatsachen Ausnahmen davon zeigen, so wird man nicht die Theorie aufgeben, sondern sie umgestalten und erweitern müssen, dergestalt, daß sie auch die neuen Tatsachen zu umfassen gestattet.

6. Die Quanten-Hypothese.

Gewisse Bedenken allerdings boten sich den Forschern von allem Anfang an dar. Die Moleküle und selbst die Atome sind keine materiellen Punkte. Falls sie aber eine Ausdehnung besitzen, ist es dann gestattet, sie als vollkommen starre Körper anzusehen? So einfach auch ein Argonmolekül sei, es wird doch kein mathematischer Punkt, sondern eine Kugel sein. Warum soll diese Kugel sich nicht drehen können? Wenn sie es aber tut, dann besitzt sie 6 Freiheitsgrade anstatt 3[1]). Wenigstens kann man nicht gut annehmen, daß die Stöße, die imstande sind, die fortschreitende Bewegung der Moleküle zu beeinflussen, auf ihre Drehbewegung vollkommen ohne Einfluß sein sollen, daß die Stöße dem Molekül nicht die geringste Formänderung sollten erteilen können usw. Außerdem entspricht jeder Spektrallinie ein Freiheitsgrad. Es braucht nicht erst gesagt zu werden, daß das Spektrum des Sauerstoffes mehr als 5 Linien umfaßt. Warum nun scheinen gewisse Freiheitsgrade überhaupt keine Rolle zu spielen, warum sind sie sozusagen erstarrt?

---

1) Es würde nichts nützen zu sagen, daß das Verhältnis der spezifischen Wärme keine Änderung erführe, wenn man dem Argon 6 und dem Sauerstoff 10 Freiheitsgrade zuschriebe. Die kinetische Gas-Theorie die auf dem Satze vom Virial der Kräfte ruht, verlangt eben 3 Freiheitsgrade und nicht 6 für das einatomige Argon-Molekül.

Sind da nicht noch andere, geheimnisvolle Umstände im Spiele?

§ 2. — Das Gesetz der Strahlung.

Die Physiker ließen sich zunächst nicht durch diese Schwierigkeiten abschrecken. Aber zwei neue Tatsachen veränderten die Sachlage; die erste ist das, was man als das Gesetz der schwarzen Strahlung bezeichnet. Ein vollkommen schwarzer Körper ist der, dessen Absorptions-Koeffizient gleich 1 ist. Ein derartiger Körper strahlt im glühenden Zustande Licht von allen Wellenlängen aus und die Stärke dieser Strahlung hängt in bestimmter Weise sowohl von der Temperatur, als auch von der Wellenlänge ab. Eine unmittelbare Beobachtung ist nicht durchführbar, weil es keinen vollkommen schwarzen Körper gibt. Aber man hat ein Mittel, um diese Schwierigkeiten zu umgehen: Man kann den glühenden Körper in einen vollkommen geschlossenen Hohlraum bringen. Das Licht, das er ausstrahlt, kann nun nicht entweichen und unterliegt einer Reihe von Spiegelungen, bis es vollkommen absorbiert ist. Sobald der Gleichgewichtszustand erreicht ist, ist die Temperatur des Hohlraumes überall gleich und der Hohlraum ist erfüllt von einer Strahlung, welche das Gesetz der schwarzen Strahlung befolgt.

Offenbar ist dies ein Fall eines statistischen Gleichgewichtes, da der Energieumtausch so erfolgt,

6. Die Quanten-Hypothese. 173

daß jeder Bestandteil des Systems im Mittel während eines kleinen Zeitteilchens genau soviel an Energie gewinnt, als er verliert. Hier nun aber beginnt die Schwierigkeit. Die Anzahl der materiellen Moleküle, die den Hohlraum bilden, ist endlich, wenn auch außerordentlich groß; es kommt ihnen daher auch nur eine endliche Zahl von Freiheitsgraden zu. Der Äther dagegen hat unendlich viele Freiheitsgrade, da er einer unbeschränkten Zahl von Schwingungsgraden fähig ist, entsprechend den verschiedenen Wellenlängen, bezüglich derer sich der Hohlraum in Resonanz befindet. Wäre das Gesetz der Gleichverteilung anwendbar, so müßte also der Äther die gesamte Energie aufnehmen und nichts für die Materie übrig lassen.

Man könnte die Freiheitsgrade des Äthers beschränken, indem man ihm Bindungen zuweist, welche ihn verhindern würden, etwa ganz kurze Wellen durchzulassen; man würde dann dem oben angeführten Widerspruche entgehen, aber man würde so zu einem Gesetze gelangen, das, um nicht in sich widerspruchsvoll zu sein, nun vielmehr der Erfahrung widersprechen würde. Das ist das Gesetz von Rayleigh, nach welchem die Strahlungsenergie für eine gegebene Wellenlänge proportional der absoluten Temperatur und für eine gegebene Temperatur umgekehrt proportional der vierten Potenz der Wellenlänge sein soll.

Das wirkliche Gesetz, wie es sich durch die Erfahrung darbietet, ist das Gesetz von Planck. Die Strahlung ist danach für kurze Wellenlängen oder niedrige Temperaturen außerordentlich viel kleiner, als es dem, auf dem Gesetze der Gleichverteilung beruhenden Rayleighschen Gesetze entspricht. Die zweite Erfahrungstatsache ergibt sich aus der Bestimmung der spezifischen Wärmen fester Körper bei sehr tiefer Temperatur in flüssiger Luft oder in flüssigem Wasserstoff. Die spezifische Wärme nimmt, weit entfernt, merklich konstant zu sein, außerordentlich stark ab, um für den absoluten Nullpunkt zu verschwinden. Alle Erscheinungen verlaufen so, als ob die Moleküle bei der Abkühlung Freiheitsgrade verlieren würden, als ob einige ihrer Bewegungsmöglichkeiten durch Erstarren aufhörten.

§ 3. — Die Energie-Quanten.

Die Erklärung dieser Erscheinungen muß man zu geben suchen, ohne mit den Grundgesetzen der Thermodynamik aufzuräumen. Man muß zunächst einmal die Möglichkeit eines statistischen Gleichgewichtes einräumen, ohne das nichts von dem Carnotschen Prinzipe übrig bliebe. Man kann in die Thermodynamik keine Bresche legen, ohne daß nicht alles zusammenstürzt. Jeans hat versucht, eine Übereinstimmung herzustellen, indem er annahm, daß das, was wir beobachten, nicht das endgültige

6. Die Quanten-Hypothese.

statistische Gleichgewicht, sondern eine Art vorläufigen Gleichgewichtes darstellt. Man wird schwer einen solchen Gesichtspunkt sich zu eigen machen können. Seine Theorie, die nichts vorauszusehen gestattet, widerspricht nicht der Erfahrung, aber sie läßt alle damit verknüpften Gesetze ohne Erklärung, mit denen sie sich nicht in Widerspruch zu stehen rühmt, und die nur als die Folge irgendeines glücklichen Zufalls erscheinen.

Planck hat eine andere Erklärung für das von ihm entdeckte Gesetz zu geben versucht. Nach seiner Ansicht handelt es sich um ein wirkliches Gleichgewicht und wenn es nicht dem Gesetze der Gleichverteilung folgt, so hat das seine Ursache darin, daß die Hamiltonschen Gleichungen keine strenge Geltung haben. Um zu dem erfahrungsgemäß festgestellten Gesetze zu gelangen, sieht er sich genötigt, in diesen Gleichungen eine höchst überraschende Änderung einzuführen. Wie haben wir uns einen strahlenden Körper vorzustellen? Wir wissen, daß ein Hertzscher Resonator in den Äther elektrische Wellen aussendet, welche ihrem Wesen nach nichts anderes als die Lichtwellen sind; ein glühender Körper kann daher als ein Träger einer großen Anzahl solcher kleiner Resonatoren aufgefaßt werden. Sobald der Körper sich erwärmt, nehmen diese Resonatoren Energie auf, geraten in Schwingungen und beginnen mithin zu strahlen.

Die Annahme von Planck besteht nun darin, daß jeder dieser Resonatoren Energie nur **in unvermittelten Sprüngen** aufnehmen oder abgeben kann, so daß der Anteil an Energie, den er besitzt, stets ein Vielfaches einer und derselben unveränderlichen Menge sein muß, die ein Quantum heißt. Die Energie muß sich danach stets aus einer ganzen Zahl von Quanten zusammensetzen. Diese unteilbare Grundeinheit, das Quant, ist nicht für alle Strahler gleichgroß, sondern steht im umgekehrten Verhältnisse zur Wellenlänge, so daß also die Strahler von kurzer Periode die Energie nur in großen Brocken schlucken, während die Resonatoren von langer Periodendauer sie in kleinen Bissen aufnehmen oder von sich geben können. Was folgt daraus? Es ist eine starke Einwirkung notwendig, um einen Strahler von kurzer Periode in Erregung zu versetzen, weil er wenigstens einer Energiemenge bedarf, die seinem Quant gleichkommt, welches groß ist. Es besteht daher eine große Wahrscheinlichkeit, daß diese Strahler in Ruhe bleiben, insbesondere, wenn die Temperatur niedrig ist und aus diesem Grunde verteilt sich bei der schwarzen Strahlung verhältnismäßig wenig von der Lichtenergie auf die kurzen Wellenlängen.

Diese Hypothese vermag den Erfahrungstatsachen gut zu genügen, sobald man annimmt, daß die Beziehung zwischen der Energie des Strahlers und seiner Strahlung dieselbe sei wie nach der alten Theorie. Das ist nun eine erste Schwierigkeit. Warum gerade dies beibehalten, nachdem man alles umgestoßen hat? Aber man muß wohl irgend etwas beibehalten, worauf man weiter aufbauen kann.

Die Verkleinerung der spezifischen Wärmen wird nun von selbst klar; sobald die Temperatur sinkt, gerät eine sehr große Anzahl von Strahlern unter ihr Quant und anstatt wenig zu strahlen, strahlen sie überhaupt nicht. Die gesamte Energie nimmt daher viel rascher als nach der alten Theorie ab. Dies ist nun freilich nur eine Darstellung in groben Umrissen. Aber es ist keine übermäßige Zahl von Kunstgriffen notwendig, um auch eine genügende zahlenmäßige Übereinstimmung herzustellen.

§ 4. — Diskussion obiger Theorie.

Das statistische Gleichgewicht kann sich nicht einstellen, wenn kein Energieaustausch unter den Strahlern stattfindet. Dann würde jeder Strahler seine ursprüngliche Energie, die von beliebigem Betrage sein kann, unbegrenzt beibehalten und die Endverteilung würde überhaupt keinem Gesetze gehorchen. Ein Energieaustausch könnte sich aber nicht durch Strahlung vollziehen, wenn die Strahler fix und in einem fixen Hohlraume eingeschlossen wären. Jeder Strahler kann nur Licht von einer bestimmten Wellenlänge aussenden oder aufnehmen und er könnte daher nur Resonatoren der gleichen Periode Licht zustrahlen.

Dies ist nicht mehr so, sobald man annimmt, daß der Hohlraum seine Gestalt ändern oder bewegte Körper enthalten kann. Das Licht, das von einem bewegten Spiegel zurückgeworfen wird, erleidet eine Änderung der Wellenlänge nach dem berühmten Dopplerschen Prinzip. Dies ist eine erste mögliche Art des Energieaustausches durch Strahlung.

Es gibt aber noch eine zweite. Die Strahler können mechanisch aufeinander einwirken, sei es unmittelbar, sei es durch Vermittelung beweglicher Atome und Elektronen, die von einem Strahler zum anderen übergehen und Stöße gegen sie ausführen. Es ist dies der Austausch durch Stoß, den ich neulich untersucht habe, wobei ich zu einer neuerlichen Bestätigung der Ergebnisse von Planck geführt wurde.

Wie ich schon weiter oben dargelegt habe, müssen alle Arten des Energieaustausches zu denselben Bedingungen des statistischen Gleichgewichtes führen, sonst müßte das Gesetz von Carnot fallen. Dies ist notwendig, um der Erfahrung Rechnung zu tragen, aber außerdem ist es notwendig, eine befriedigende Erklärung für eine so überraschende Übereinstimmung zu geben, um nicht gezwungen zu sein, sie einer zufälligen Vorsehung zuzuschreiben. Im Sinne der alten Mechanik war diese Erklärung vollkommen gegeben durch die allgemeine Gültigkeit der Hamil-

6. Die Quanten-Hypothese.

tonschen Gleichungen; können wir nun hier irgend etwas Entsprechendes wiederfinden? Ich habe die Untersuchung über den Energieaustausch bei der Strahlung noch nicht abgeschlossen, und ich bin nicht sicher, ob man bereits alle die Bedingungen für das Gleichgewicht kennt, unter denen sich dieser Umtausch vollzieht. Ich wäre nicht erstaunt, wenn man noch neue entdeckte, die uns neue Schwierigkeiten bereiten können.

Gegenwärtig ist uns eine solche Bedingung durch die Arbeiten von Wien bekannt. Man bezeichnet sie als das Wiensche Gesetz, wonach das Produkt der Strahlungs-Intensität mal der fünften Potenz der Wellenlänge nur abhängt von dem Produkte der absoluten Temperatur mal der Wellenlänge.

Man findet nun, daß, um dieses Wiensche Gesetz mit dem statistischen Gleichgewichte zufolge des Energieaustausches durch Stoß in Übereinstimmung zu bringen, es notwendig ist anzunehmen, daß die Energie sich nur nach Quanten, welche umgekehrt proportional der Wellenlänge sind, ändern kann. Es ist dies eine mechanische Eigenschaft der Strahler, welche offenbar vollkommen unabhängig von dem Dopplerschen Prinzipe ist und man versteht nicht recht, zufolge welcher geheimnisvollen Harmonie diese Strahler gerade mit der einzigen Eigenschaft ausgestattet sind, welche hier zum Ziele führt. Wenn das statistische Gleichgewicht unveränderlich ist, so ist dies nicht mehr aus einer einzigen allgemeinen Ursache, sondern durch das Zusammentreffen vieler und voneinander unabhängiger Ursachen der Fall.

In der Art der Entwicklung, die Planck gibt, tritt diese Dualität der Arten des Austausches nicht in Erscheinung. Sie ist aber bloß verschleiert und ich hielt es für notwendig, die Aufmerksamkeit auf diesen Punkt zu lenken.

Diese Schwierigkeit ist nicht die einzige. Ein Strahler kann seine Energie an einen anderen nur nach Vielfachen seines Quants abgeben. Dieser nun kann sie nur nach ganzen Vielfachen seines eigenen Quants aufnehmen; da nun diese beiden Quanten im allgemeinen nicht kommensurabel sein werden, so genügt dies, um die Möglichkeit eines unmittelbaren Austausches auszuschließen. Aber der Austausch vermag sich durch Vermittelung der Atome zu vollziehen, wenn man annimmt, daß die Energie dieser Atome in stetiger Weise sich ändern könne.

Das ist aber noch nicht die größte Schwierigkeit. Die Strahler müssen jedes Quant auf einmal aufnehmen oder abgeben oder vielmehr, entweder müssen sie dieses Quant ganz aufnehmen oder gar nicht. Aber sie müssen trotzdem eine gewisse Zeit brauchen, um ein Quant aufzunehmen oder abzugeben. Das verlangt die Erscheinung der Interferenz. Zwei Quanten, die von demselben Strahler zu verschiedenen Zeiten ausgesendet wurden, werden mit-

6. Die Quanten-Hypothese.

einander nicht interferieren können. Die zwei Emissionen müssen tatsächlich als zwei voneinander unabhängige Erscheinungen aufgefaßt werden und es gibt keinen Grund, weshalb der Zeitraum, in dem sie aufeinander folgen, unveränderlich sein müßte. Es ist dies geradezu unmöglich. Dieser Zwischenraum muß ja größer sein, wenn die Lichtstärke gering, als wenn sie beträchtlich ist. Sobald man nicht annimmt, daß das Intervall unveränderlich ist, so muß man wenigstens annehmen, daß jede Ausstrahlung aus mehreren Quanten bestehen kann und daß die Lichtstärke von der Zahl der auf einmal ausgestoßenen Quanten abhängt. Aber auch das ist nicht angängig. Der Zwischenraum müßte klein im Verhältnis zur Periodendauer sein, um mit den Beobachtungen über Interferenz-Erscheinungen verträglich zu sein. Der Zahlenwert des Quants ergibt sich aus der Planckschen Formel selbst. Wir würden daher ein Minimum der möglichen Lichtstärke ableiten können. Man hat aber Licht-Emissionen beobachtet, welche geringer sind als dieses Minimum.

Es muß daher wohl jedes Quant mit sich selbst interferieren; es ist daher notwendig, daß es, einmal in Gestalt von Lichtschwingungen des Äthers ausgestrahlt, sich in mehrere Bestandteile teilt und daß gewisse Teile gegenüber anderen um mehrere Wellenlängen zurückbleiben und daß letztere daher nicht zur selben Zeit ausgesandt worden sind.

6. Die Quanten-Hypothese.

Es scheint mir darin ein Widerspruch zu liegen. Aber vielleicht ist er nicht unlöslich. Denken wir uns ein System, gebildet aus einer bestimmten Anzahl von Hertzschen Erregern, die sämtlich vollkommen gleich sind. Jeder davon sei durch eine Elektrizitätsquelle aufgeladen und sobald seine Ladung einen bestimmten Wert erreicht, springt der Funke über, die Ausstrahlung beginnt und nun kann sie nichts mehr zum Stillstande bringen, bis der Erreger vollkommen entladen ist. Er muß daher entweder sein Quant vollkommen verlieren, oder er verliert gar nichts. (Das Quant ist hier die Elektrizitätsmenge, die dem Entladungspotential entspricht.) Aber dieses Quant wird nicht auf einmal abgegeben. Jede Ausstrahlung dauert eine bestimmte Zeit und die ausgesendeten Wellen sind regelmäßiger Interferenzen fähig.

Planck hat angenommen, daß die Beziehung zwischen der Energie eines Strahlers und seiner Strahlung die gleiche sei wie in der Maxwellschen Elektrodynamik; man könnte auf diese Hypothese verzichten und annehmen, daß die mechanischen Stöße nach dem Gesetze der alten Dynamik erfolgen. Die Aufteilung der Energie unter die Strahler würde sich dann nach dem Gesetze der Gleichverteilung ergeben, aber die Strahler von kurzer Schwingungsdauer würden bei gleicher Energie weniger strahlen. Man könnte so von dem Strahlungsgesetze sich

Rechenschaft geben. Man würde aber nicht das außergewöhnliche Verhalten der spezifischen Wärmen bei tiefer Temperatur erklären, außer, wenn man die Annahme zuließe, daß der Austausch durch Stöße für feste Körper bei hohen Kältegraden unmöglich ist und daß ihre Teilchen nicht mehr in Wärmeaustausch miteinander stehen, außer für Strahlung auf sehr kurze Entfernung.

Man könnte noch weiter gehen und annehmen, daß keine Stöße stattfinden, sondern daß alle als mechanisch bezeichneten Kräfte elektromagnetischen Ursprungs sind, daß sie auf Einwirkungen per Distanz beruhen, die selbst wieder durch die Strahlung zum Ausdrucke gebracht werden können. Man könnte sich also lediglich auf die Art des Energieaustausches durch Strahlung und auf das Spiel nach dem Dopplerschen Prinzipe beschränken; vielleicht würde man so zu Hypothesen geführt werden, die von der Quanten-Hypothese vollkommen verschieden sind.

§ 5. — **Das Wirkungsquantum.**

In gewisser Hinsicht ist die neue Vorstellung befriedigend. Seit einiger Zeit neigt man dem Atomismus zu; die Materie erscheint uns als aufgebaut aus unteilbaren Atomen, die Elektrizität ist nicht mehr etwas Stetiges, sie ist nicht mehr unbeschränkt teilbar, sondern sie besteht aus Elektronen, die alle die gleiche Ladung besitzen und untereinander gleich sind; seit einiger Zeit besitzen wir auch das Magneton, den Baustein des Magnetismus. Gemäß dieser Anschauung könnten uns die Quanten als A t o m e d e r E n e r g i e erscheinen. Leider läßt sich der Vergleich nicht bis zu Ende durchführen. Ein Wasserstoff-Atom z. B. ist wirklich unveränderlich, es behält stets dieselbe Masse, in welche Verbindung es auch immer als Element eintritt; die Elektronen bewahren ebenfalls ihre Individualität bei den verschiedenartigsten Veränderungen. Ist dasselbe auch bei dem, was man jetzt als Atom der Energie bezeichnet, der Fall? Nehmen wir an, wir hätten drei Energiequanten in einem Strahler, dessen Wellenlänge gleich 3 ist. Diese Energie gehe auf einen zweiten Strahler über, dessen Wellenlänge gleich 5 sei; dann stellen sie nicht mehr 3, sondern 5 Quanten vor, da das Quant des neuen Strahlers kleiner ist. So hat sich durch diesen Übergang die Zahl der Energieatome und die Größe eines jeden verändert.

Hier liegt der Grund, weshalb die Theorie noch nicht vollkommen befriedigt. Man muß noch erklären, w a r u m das Quant eines Strahlers in umgekehrtem Verhältnisse zur Wellenlänge steht. Und das ist die Ursache, die Planck veranlaßt hat, seinen ursprünglichen Gedanken abzuändern. Aber ich gerate hier einigermaßen in Verlegenheit, da ich

6. Die Quanten-Hypothese.

weder Planck zeihen möchte, seine Theorie überschritten zu haben, indem er weiter ging, als er selbst beabsichtigte, noch auch versuchen möchte, zu zeigen, wo er uns nach meiner Ansicht hingeführt hat. Ich möchte daher zunächst seinen Wortlaut so genau als möglich wiedergeben, indem ich ihn nur etwas knapper fasse. Zunächst verweise ich darauf, daß die Untersuchung des thermodynamischen Gleichgewichtes auf eine Frage der Statistik und der Wahrscheinlichkeit zurückgeführt wurde. „Die Wahrscheinlichkeit eines veränderlichen Kontinuums ergibt sich aus der Betrachtung unabhängiger Elementarbereiche von gleicher Wahrscheinlichkeit . . . . . In der klassischen Dynamik bedient man sich zur Aufstellung dieser Elementarbereiche des Satzes, daß zwei physikalische Zustände, von denen der eine die notwendige Folge des anderen ist, gleich wahrscheinlich sind. Bezeichnet man in irgendeinem physikalischen System mit q die verallgemeinerten Koordinaten und mit p die entsprechenden Momente, so ist nach dem Satze von Liouville der Bereich $\iint dp\, dq$ für einen beliebigen Augenblick unabhängig von der Zeit, wenn q und p entsprechend den Hamiltonschen Gleichungen sich ändern. Andererseits können p und q in einem gegebenen Zeitpunkte unabhängig voneinander alle möglichen Werte annehmen. Daraus folgt, daß der elementare Wahrscheinlichkeitsbereich unendlich

klein von der Größenordnung $dp\,dq$ ist . . . . . Die neue Hypothese muß es sich zur Aufgabe machen, die Veränderlichkeit der p und q einzuschränken, derart, daß diese Größen nur sprungweiser Änderungen fähig sind, oder daß sie als teilweise voneinander abhängig betrachtet werden. Zu einer Einschränkung der Anzahl der elementaren Wahrscheinlichkeitsbereiche gelangt man, indem man die Ausdehnung eines jeden vergrößert. Die Theorie des Wirkungsquantums beruht auf der Annahme, daß die untereinander gleichen Bereiche nicht mehr unendlich klein, sondern endlich sind und daß für jeden Bereich die Beziehung gilt
$$\iint dp\,dq = h$$
wobei h eine Konstante ist."

Ich halte es für notwendig, diese Wiedergabe durch einige Erläuterungen zu ergänzen. Ich kann hier nicht auseinandersetzen, was Wirkung, verallgemeinerte Koordinaten, Momente, und die verschiedenen Integrale sind, die Planck einführt. Ich möchte mich beschränken, zu sagen, daß das Energieelement gleich dem Produkte aus der Schwingungszahl mal dem Wirkungselement ist und das Energiequant ist, wie wir gesagt haben, der Schwingungszahl proportional, weil das Wirkungsquant eine universelle Konstante, ein wirkliches Atom ist.

Aber ich muß klar zu machen versuchen, was man unter den elementaren Wahrscheinlichkeits-

6. Die Quanten-Hypothese.

bereichen versteht. Diese Bereiche sind nicht teilbar; d. h., sobald wir wissen, daß wir uns innerhalb eines dieser Bereiche befinden, ist alles dadurch festgelegt. Wären nämlich die notwendigen Folgen durch diese Tatsache nicht vollkommen gegeben, so müßten sie verschieden sein je nach der Stelle des Bereiches, an der wir uns befinden, d. h. der Bereich wäre nicht mehr unteilbar vom Standpunkte der Wahrscheinlichkeit aus, da die Wahrscheinlichkeit gewisser zukünftiger Folgen für seine verschiedenen Teile nicht mehr die gleiche wäre.

Das kommt darauf hinaus zu sagen, daß alle Zustände eines Systems, welche einem und demselben Bereiche angehören, untereinander nicht verschieden sein können, daß sie einen einzigen Zustand bilden. Und so werden wir zu einer Aussage geführt, die schärfer als die von Planck ist, seinem Gedankengange aber, wie ich glaube, nicht widerspricht.

Ein physisches System ist nur einer endlichen Anzahl von untereinander verschiedenen Zuständen fähig. Es geht sprungweise aus einem dieser Zustände in einen anderen über, ohne durch eine stetige Reihe von Zwischenzuständen hindurchzugehen.

Nehmen wir der Einfachheit halber an, daß der Zustand des Systems nur von 3 Parametern abhängt, derart, daß wir ihn geometrisch durch einen

6. Die Quanten-Hypothese.

Raumpunkt kennzeichnen können. Die Gesamtheit der Punkte, die die verschiedenen möglichen Zustände vorstellen, wäre dann nicht mehr der ganze Raum oder ein Raumgebiet, wie man gemeinhin annimmt; es wird eine sehr große Anzahl von einzelnen, über den Raum verstreuten Punkten sein. Diese Punkte werden allerdings sehr dicht angeordnet sein, so daß wir den Eindruck der Stetigkeit erhalten.

Alle diese Zustände müssen als gleich wahrscheinlich betrachtet werden. Wenn wir deterministisch denken, muß auf jeden dieser Zustände mit Notwendigkeit ein anderer Zustand folgen, der ebenso wahrscheinlich ist, da es gewiß ist, daß der erste Zustand den zweiten nach sich zieht. So würde man nach und nach erkennen, daß, wenn wir von einem Anfangszustande ausgehen, alle die Zustände, zu denen wir heute oder morgen gelangen können, alle vollkommen gleich wahrscheinlich sind. Andere Zustände dürfen nicht als mögliche Zustände angesehen werden.

Aber die einzelnen getrennten Punkte, die zur Darstellung der möglichen Zustände dienen, dürfen nicht über den Raum in beliebiger Weise verteilt sein. Es muß in der Weise geschehen, daß, wenn man sie mit unseren makroskopischen Sinnen betrachtet, wir an den allgemeinen Gesetzen der Dynamik und z. B. an den Hamiltonschen Gleichungen festhalten können. Ein Vergleich, der der Wirklich-

6. Die Quanten-Hypothese.

keit beträchtlich näher kommt, als es scheinen könnte, mag dazu dienen, mich verständlich zu machen. Wir betrachten eine Flüssigkeit; unsere Sinne legen uns zunächst nahe, sie für einen stetigen Stoff zu halten. Eine genauere Untersuchung zeigt uns, daß die Flüssigkeit unzusammendrückbar ist, derart, daß der Rauminhalt eines beliebigen Teiles des Stoffes unverändert bleibt. Gewisse Gründe führen uns dann dazu, uns vorzustellen, daß die Flüssigkeit aus außerordentlich kleinen und außerordentlich zahlreichen, aber voneinander getrennten Teilchen besteht. Wir werden uns jedoch nicht mehr von der Verteilung dieser Moleküle ein Bild machen können, ohne unserer Vorstellung irgendwelche Schranken zu ziehen. Zufolge der Unzusammendrückbarkeit werden wir gezwungen sein, anzunehmen, daß zwei gleiche Raumteilchen die gleichen Molekülzahlen enthalten. Bezüglich der Verteilung der möglichen Zustände sieht sich Planck zu einer gleichartigen Einschränkung veranlaßt und das wird durch die Gleichungen zum Ausdrucke gebracht, welche ich weiter oben erwähnt habe, die ich aber hier nicht ausführlich besprechen kann.

Allerdings wird man auch gemischte Hypothesen ersinnen können. Nehmen wir nochmals an, daß das physikalische System nur von 3 Parametern abhängt und daß man seinen Zustand durch einen Raumpunkt darstellen kann. Die Gesamtheit der

6. Die Quanten-Hypothese.

Punkte, die die möglichen Zustände darstellen, wird möglicherweise weder ein Raumteil, noch ein Schwarm getrennter Raumpunkte, sondern vielleicht eine große Anzahl kleiner Oberflächen oder kleiner voneinander getrennter Kurven sein können, so daß z. B. ein materieller Punkt des Systems nur bestimmte Bahnen durchlaufen kann, dies aber in stetiger Weise, außer, sobald er von einer Bahn zur anderen unter dem Einflusse benachbarter Punkte überspringt.

Das könnte bei den Resonatoren der Fall sein, von denen wir weiter oben gesprochen haben, oder es könnte etwa der Zustand der wägbaren Materie in unstetiger Weise sich ändern mit einer bloß endlichen Anzahl möglicher Zustände, während die Zustandsänderung des Äthers in stetiger Weise erfolgt. All das wäre mit dem Gedankengange von Planck nicht unvereinbar.

Ohne Zweifel aber wird man eine Lösung erster Art vorziehen, die von solchen Zwitterhypothesen frei ist. Nur muß man sich Rechenschaft von den Folgen geben, die sie nach sich zieht. Das was wir gesagt haben, läßt sich auf ein beliebiges, in sich abgeschlossenes System und auch auf das All anwenden. Das Weltall würde nach dieser Auffassung plötzlich aus einem Zustande in den anderen sprungweise übergehen; in der Zwischenzeit aber bliebe es unverändert. Die einzelnen Zeitteile, während derer derselbe Zustand bestehen würde, könnten nicht mehr voneinander unterschieden werden; wir kämen so zu der unstetigen Änderung der Zeit, zu dem Zeitatom.

§ 6. — Die neue Theorie von Planck.

Kehren wir zu weniger allgemeinen und schärfer umrissenen Fragen zurück, z. B. zur Theorie der Strahlung. Planck hat eine Änderung seiner ursprünglichen Theorie ersonnen und ich möchte darüber einige Worte sagen. Entsprechend der neuen Vorstellung erfolgt die Emission des Lichtes plötzlich und quantenweise, aber die Absorption wäre danach stetig. Planck wollte so der in der Folge dargelegten Schwierigkeit entgehen, die ihm aus einem, mir nicht bekannten Grunde störender bezüglich der Absorption erschien. Das Licht gelangt zu jedem Strahler in stetiger Weise; kann es nur quantenweise aufgenommen werden, so muß sich die Energie offenbar in einer Art Vorraum ansammeln, bis die zum Eintritte hinreichende Menge vorhanden ist. Nach der zweiten Theorie verschwindet diese Schwierigkeit, aber trotzdem muß ein Vorraum für die austretende Energie vorhanden sein, da ja der Äther die Energie nur in unendlicher Unterteilung hindurchlassen kann.

Nach der neuen Theorie bewahren die Strahler einen Rückstand an Energie auch bei dem absoluten

Nullpunkt. Nehmen wir den neuen Standpunkt von Planck an, so muß auch die Beziehung zwischen der Energie des strahlenden Körpers und der Stärke seiner Strahlung geändert werden. Die Strahlung ist nicht mehr der Energie proportional, sondern bloß dem Überschuß dieser Energie über den Rückstand bei dem absoluten Nullpunkte.

Soll ich gestehen, daß mich diese neue Hypothese nicht vollkommen befriedigt? Planck spricht nur von der Emission und der Absorption und er spricht, als ob sein Strahler fix wäre. Es ist weder die Rede von Energieaustausch durch Stoß, noch vom Dopplerschen Prinzipe. Unter diesen Umständen kann er nicht zu einer Tendenz gelangen, die einem Endzustande zustrebt und das ist das, was ich weiter oben ausgesprochen habe. Der Beweis, durch den er uns diesen Endzustand verständlich zu machen sucht, ist nur ein scheinbarer. Der Verfasser sagt nicht, ob der Austausch durch Stoß stetig gleich der Absorption oder unstetig gleich der Emission erfolgt und wollte man die allgemeine Lehre vom Energieumtausch durch Stoß anwenden, käme man nicht mehr zu den Planckschen Ergebnissen. Es kann daher angezeigt erscheinen, sich an seine ursprünglichen Gedanken zu halten.

6. Die Quanten-Hypothese.

§ 7. — Die Ideen von Sommerfeld.

Sommerfeld hat eine Theorie entwickelt, die er an die von Planck anschließen will, aber das einzige Bindeglied zwischen ihnen ist die Größe h, die in beiden Ausdrücken vorkommt, und der gleiche Name Wirkungsquantum, der zwei durchaus verschiedenen Dingen beigelegt erscheint.

Der Anprall eines Elektrons folgt nach Sommerfeld nicht mehr denselben Gesetzen wie bei endlichen Körpern, die wir kennen und die der Erfahrung zugänglich sind. Sobald ein Elektron auf ein Hindernis trifft, komme es um so schneller zur Ruhe, je größer seine Geschwindigkeit sei. (Wäre dieses Gesetz auf Eisenbahnzüge anwendbar, so würde sich uns das Problem der Bremsung in einem neuen Lichte darbieten). Dies nun läßt sich auf die Erzeugung der Röntgenstrahlen anwenden. Die Kathodenstrahlen sind bewegte Elektronen. Diese Elektronen werden abgebremst, wenn sie auf die Antikathode treffen; die rasche Bremsung ruft eine Störung des Gleichgewichtes im Äther hervor, durch dessen Schwingungen die Röntgenstrahlen entstehen. Die Theorie von Sommerfeld erklärt, warum die X-Strahlen um so durchdringender und um so härter sind, je größer die Geschwindigkeit der Kathodenstrahlen ist. Um so plötzlicher vollzieht sich dann die Bremsung und die Gleichgewichtsstörung im Äther ist folglich von um so größerer Stärke und kürzerer Dauer.

§ 8. — Schlussbetrachtung.

Man übersieht endlich den Stand der Frage. Die alten Theorien, die allen bekannten Erscheinungen Rechnung zu tragen schienen, sind auf ein unerwartetes Hindernis gestoßen. Es schien eine Abänderung erforderlich. Zunächst wurde eine Hypothese ersonnen, die wir Planck verdanken, die aber so fremdartig erscheint, daß man kein Mittel unversucht lassen dürfte, um sich von ihr frei zu machen. Solche Mittel aber hat man bisher vergeblich gesucht. Das hindert nicht, daß die neue Theorie eine Fülle von Schwierigkeiten mit sich bringt, von denen viele wesentlicher Natur und nicht bloß vorgetäuschte Härten sind, die in dem Widerstande unseres Geistes, seine Denkgewohnheiten zu ändern, ihren Ursprung haben könnten.

Es ist für den Augenblick unmöglich, vorauszusagen, welchen Ausgang die Sache nehmen wird. Wird man eine andere, durchaus neue Erklärung finden? Oder werden im Gegenteil die Anhänger der neuen Theorie imstande sein, die Schwierigkeiten zu umgehen, die uns noch hindern, sie vorbehaltlos anzunehmen? Wird die Unstetigkeit zum herrschenden Prinzip in der Welt des Geschehens werden und ist ihr Sieg ein endgültiger? Oder wird man vielmehr finden, daß diese Unstetigkeit nur eine scheinbare ist und eine Reihe stetiger Vorgänge verschleiert? Der erste, der einen Stoß beobachtete, hat einer diskontinuierlichen Erscheinung gegenüberzustehen geglaubt. Wir aber wissen heute, daß er lediglich die Wirkung von Geschwindigkeitsänderungen beobachtet hat, die zwar sehr rasch, aber stetig erfolgen. Eine Voraussage über diese Fragen heute zu wagen, hieße seine Tinte verschwenden.

7. Materie und Weltäther[1]).

Als Herr Abraham an mich herantrat, um mich aufzufordern, die von der französischen physikalischen Gesellschaft veranstalteten Vorträge abzuschließen, war ich zunächst nahe daran, eine ablehnende Antwort zu erteilen. Es schien mir jeder Gegenstand so vollkommen behandelt, daß ich nichts Neues zu dem, was schon so gut gesagt worden ist, hinzufügen könnte. Ich könnte nur versuchen, den Eindruck zusammenzufassen, der sich mir aus der Gesamtheit der Abhandlungen zu ergeben scheint. Dieser Eindruck ist aber derart klar, daß Sie alle ihn ebenso empfunden haben müssen wie ich und

---

1) Vortrag, gehalten in der Société Française de Physique, am 11. April 1912.

daß ich ihm keine neue Aufhellung geben könnte, wenn ich mich bemühte, ihn in Worte zu kleiden. Aber Herr Abraham hat mit soviel Liebenswürdigkeit darauf beharrt, daß ich mich schließlich in die unvermeidlichen Schwierigkeiten gefunden habe. Als die größere dieser Schwierigkeiten erscheint mir, wiederholen zu müssen, was jeder von Ihnen längst durchdacht hat; als die kleinere, eine Menge von Dingen berühren zu müssen, ohne Zeit zu haben, bei ihnen zu verweilen.

Zunächst muß die folgende Überlegung allen Zuhörern sich aufdrängen. Die alten mechanistischen und atomistischen Hypothesen haben in letzterer Zeit sich so befestigt, daß sie aufhörten, uns noch als Hypothesen zu erscheinen. Die Atome sind nicht mehr bloß eine bequeme Vorstellung; wir haben den Eindruck, daß wir sie sozusagen mit Händen greifen können, weil wir imstande sind, sie zu zählen. Eine Hypothese nimmt dann eine feste Gestalt an und gewinnt an Wahrscheinlichkeit, sobald sie imstande ist, neue Tatsachen zu erklären. Das aber geschieht in verschiedener Weise. Meist muß sich die Hypothese erweitern, um neuen Tatsachen Rechnung zu tragen. Sie verliert aber im selben Maße an Schärfe, als es notwendig ist, auf sie eine Zusatzhypothese zu pfropfen. Wenn sich diese ihr auch in plausibler Weise anschließt und nicht gar zu grell gegen den Stamm absticht, auf den sie aufgepfropft wird, so

7. Materie und Weltäther.

trägt sie doch etwas mehr oder weniger Fremdes hinein. Durchaus im Hinblicke auf den zu erreichenden Zweck ersonnen, ist sie mit einem Worte ein Kunstgriff. In diesem Falle kann man nicht sagen, daß die Erfahrung die ursprüngliche Hypothese bestätigt, sondern höchstens, daß sie ihr nicht widersprochen hat. Es ist auch möglich, daß zwischen den neuen Erfahrungstatsachen und den ursprünglichen, für welche die Hypothese ersonnen war, ein enger Zusammenhang von der Art besteht, daß jede Annahme, die von den ersteren Tatsachen Rechenschaft gibt, auch von selbst den letzteren genügt, so daß die als richtig erwiesenen Tatsachen eigentlich nur scheinbar neu sind.

Etwas ganz anderes aber ist es, wenn uns die Erfahrung eine Koinzidenz enthüllt, welche man voraussehen konnte, und die man nicht einem Zufalle zuschreiben kann, insbesondere, wenn es sich um eine zahlenmäßige Koinzidenz handelt. Übereinstimmungen dieser Art sind es, die in der letzten Zeit die atomistischen Vorstellungen gefestigt haben.

Die kinetische Gas-Theorie hat sozusagen unerwartet Stützen erhalten. Neue Gebiete sind durchaus auf ihr aufgebaut. Es ist dies einesteils die Theorie der Lösungen, andernteils die Elektronentheorie der Metalle. Die Moleküle der gelösten Körper, ebenso wie die freien Elektronen, denen die Metalle ihre elektrische Leitfähigkeit verdanken, verhalten sich wie Gasmoleküle in den Höhlungen, in denen sie eingeschlossen sind. Der Parallelismus ist vollkommen und man kann ihn bis zu zahlenmäßigen Übereinstimmungen verfolgen. Dadurch wird das, was zweifelhaft war, wahrscheinlich. Jede dieser drei Theorien würde, wenn sie für sich allein bestände, uns lediglich als eine geistvolle Hypothese erscheinen, die man durch andere, vielleicht ebenso wahrscheinliche Erklärungen ersetzen könnte. Würde jeder dieser drei Fälle für sich einer besonderen Erklärung bedürfen, so könnten die festgestellten Übereinstimmungen nur dem Zufalle zugeschrieben werden, was unzulässig erscheint, wogegen durch die drei kinetischen Theorien die Übereinstimmungen als Notwendigkeiten sich darbieten. Von der Theorie der Lösungen können wir ungezwungen zu der Theorie der Brownschen Bewegung fortschreiten, wo man die Wärmebewegung nicht mehr als eine bloße Fiktion unseres Geistes betrachten kann, da man sie unmittelbar unter dem Mikroskop sieht.

Die vorzüglichen Bestimmungen der Anzahl der Atome, die von Perrin durchgeführt sind, haben den Sieg des Atomismus vollendet. Das, was sich uns mit überzeugender Gewalt aufdrängt, ist die große Anzahl der übereinstimmenden Ergebnisse, die auf durchaus voneinander unabhängigen Wegen gewonnen worden sind. Vor nicht gar langer Zeit hätte man sich glücklich geschätzt, wenn die ge-

7. Materie und Weltäther.

fundenen Werte nur von der gleichen Stellenzahl gewesen wären. Man hätte nicht einmal verlangt, daß die erste Kennziffer dieselbe sei. Die erste Ziffer ist heute festgelegt und es ist bemerkenswert, daß man sie unter Benützung der verschiedenartigsten Atomeigenschaften erhalten hat. In den Methoden, welche auf der Brownschen Bewegung oder auf dem Gesetze der Strahlung beruhen, sind es nicht die Atome, die man unmittelbar zählte, sondern die Freiheitsgrade. Bei den Methoden, bei denen man sich des Blaus des Himmels bedient, sind es nicht mehr mechanische Eigenschaften der Atome, welche eine Rolle spielen, sondern die Atome werden hier als Ursache der optischen Diskontinuität betrachtet. Bedient man sich schließlich des Radiums, so handelt es sich um die Ausschleuderung von Geschossen. Die Sache liegt so, daß, wenn sich Unstimmigkeiten ergeben hätten, man nicht in Verlegenheit gewesen wäre, sie zu erklären. Glücklicherweise aber haben sich solche Unstimmigkeiten nicht ergeben.

Das chemische Atom ist somit eine Realität. Damit soll aber nicht gesagt sein, daß wir dicht daran sind, unsere Hände an die letzten Elemente aller Dinge zu legen. Als Demokritos seine Atome erfand, faßte er sie als absolut unteilbare Bausteine auf, über die hinaus eine weitere Forschung unmöglich wäre. Das ist auch die Bedeutung des

Wortes in der griechischen Sprache und das ist übrigens auch der Zweck, weshalb Demokritos sie erfand. Über die Atome hinaus soll es für ihn kein Geheimnis mehr geben. Das chemische Atom würde ihn daher nicht befriedigt haben, denn dieses Atom ist durchaus nicht unteilbar. Es ist kein wirklicher Urbaustein, sondern es steckt noch voller Geheimnisse; ein solches Atom ist eine Welt. Demokritos würde der Ansicht sein, daß, nachdem wir uns soviel Mühe gegeben haben, die Atome aufzufinden, wir keinen Schritt weiter als im Anfange gekommen sind; die Philosophen werden eben nie zufrieden sein.

Eine andere Überlegung, die sich uns aufdrängt, ist die folgende: Eine jede neue Entdeckung auf dem Gebiete der Physik zeigt uns eine neue Komplikation des Atoms. Die Körper, die man für einfach hielt und die in vieler Beziehung sich durchaus wie einfache Körper verhielten, sind imstande, in noch einfachere Körper zu zerfallen. Das Atom zerfällt in noch kleinere Atome. Das, was man Radioaktivität nennt, ist nichts als ein ununterbrochener Zerfall der Atome. Es ist das, was man einst die Umwandlung der Elemente ineinander genannt hat, aber es ist nicht vollkommen dasselbe, da sich ein Element in Wirklichkeit nicht in ein anderes umformt, sondern in mehrere andere zerlegt. Die Produkte dieses Zerfalls sind noch

7. Materie und Weltäther.

chemische Atome, analog denen, denen sie ihr Entstehen verdanken, derart, daß man die Erscheinung ebenso wie die alltäglichen Reaktionen durch eine chemische Gleichung auszudrücken vermöchte, die ohne Sträuben auch von dem konservativsten Chemiker anerkannt werden könnte.

Das ist aber noch nicht alles. Im Atome finden wir noch eine Menge anderer Dinge: Wir finden hier zunächst die Elektronen; jedes Atom erscheint uns daher als eine Art Sonnensystem, in dem die kleinen, negativ geladenen Elektronen die Rolle der Planeten spielen, die gegen ein großes, positiv geladenes Elektron gravieren, welches selbst die Rolle des Zentralkörpers vertritt. Diese gegenseitige Anziehung der entgegengesetzten elektrischen Ladungen bewirkt einen Zusammenhalt des Systems und macht es zu einem Ganzen. Sie erhält die periodischen Umläufe der Planeten und diese Perioden bestimmen die Wellenlänge des Lichtes, das vom Atom ausgestrahlt wird. Und es ist die Selbstinduktion in den durch die Bewegung dieser Elektronen gebildeten Konvektionsströmen, der das Atom seine scheinbare Trägheit und das, was wir seine Masse nennen, verdankt. Außer den gebundenen Elektronen gibt es auch noch freie Elektronen, die denselben Bewegungsgesetzen gehorchen wie die Gasmoleküle und die die Leitfähigkeit der Metalle hervorrufen. Sie sind den Kometen vergleichbar, welche von einem Weltensystem zum andern schweifen und die zwischen diesen entfernten Systemen eine Art freien Energieaustausches herstellen.

Aber wir sind noch nicht am Ende. Nach den Elektronen oder den Atomen der Elektrizität kommen die Magnetonen oder Atome des Magnetismus, die sich uns heute von zwei verschiedenen Gesichtspunkten darbieten, bei dem Studium der magnetischen Körper und bei dem Studium des Spektrums der chemischen Elemente. Ich brauche sie nicht an den schönen Vortrag von Herrn Weiß zu erinnern und die überraschend einfachen Beziehungen, welche seine Untersuchungen in so unerwarteter Weise zutage gefördert haben. Auch hier gibt es zahlenmäßige Beziehungen, die man nicht auf Rechnung des Zufalls setzen kann und für die man eine Erklärung suchen muß.

Zu gleicher Zeit muß man auch das so bemerkenswerte Gesetz der spektralen Verteilung der Strahlung erklären. Nach den Arbeiten von Balmer, Runge, Kaiser und Rydberg zerfallen die Strahlungen in Serien und jede Serie folgt einfachen Gesetzen. Der erste Gedanke, der sich darbietet, ist ein Vergleich mit den Obertönen des Schalles. Eine schwingende Saite hat eine unbegrenzte Zahl von Freiheitsgraden, so daß sie eine unendliche Anzahl von Tönen von sich geben kann, deren Schwingungszahlen vielfache der Grundschwingungszahl sind. In gleicher Weise liefert ein tönender Körper beliebiger Gestalt ebenfalls Obertöne, deren Gesetze von gleicher Art, wenn auch weniger einfach sind. Es liegt nahe, zu erwarten, daß auch ein Hertzscher Strahler einer unbegrenzten Zahl verschiedener Schwingungsdauern fähig ist und daß ein Atom aus gleichem Grunde unbegrenzt viele Lichtsorten ausstrahlen kann. Sie wissen, daß dieser so einfache Gedanke sich als trügerisch erwiesen hat, da nach den spektroskopischen Gesetzen es die Schwingungszahl selbst und nicht ihr Quadrat ist, die einen einfachen Ausdruck liefert und weil die Schwingungszahl nicht unendlich groß wird für Obertöne unendlich hoher Ordnung. Die Idee muß eine Abänderung erfahren oder sie muß fallen gelassen werden. Bisher hat sie allen solchen Versuchen widerstanden und hat sich nicht anzupassen verstanden; so kam Ritz dazu, sie überhaupt fallen zu lassen. Er stellte sich vor, ein schwingendes Atom sei gebildet aus einem rotierenden Elektron und mehreren übereinander gelagerten Magnetonen. Es ist nicht mehr die elektrostatische gegenseitige Anziehung der Strahler, welche die Wellenlängen bestimmt, sondern das magnetische Feld, das von den Magnetonen hervorgebracht ist.

Man wird Bedenken haben, diese Vorstellung sich zu eigen zu machen, da sie etwas Künstliches an sich hat. Man wird sich aber bescheiden müssen, wenigstens vorläufig, da man bisher nichts anderes gefunden hat, trotzdem man eifrig danach gesucht hat. Warum vermögen die Wasserstoffatome mehrere Strahlen auszusenden? Nicht deshalb, weil jedes von ihnen alle Strahlen des Wasserstoffspektrums liefern kann und es tatsächlich die eine oder die andere Linie je nach den Anfangsbedingungen der Bewegung liefert, sondern, weil es mehrere Gattungen von Wasserstoffatomen gibt, die sich untereinander durch die Anzahl der ihnen zugeordneten Magnetonen unterscheiden und weil jede dieser Atomarten einen anderen Strahl liefert. Man fragt sich, ob diese verschiedenartigen Atome sich gegenseitig ineinander umwandeln können und auf welche Weise. Wie vermag ein Atom Magnetonen zu verlieren? (Und das scheint zu geschehen, wenn man von einer allotropen Art des Eisens zur anderen übergeht.) Vermag ein Magneton das Atom zu verlassen, oder kann ein Teil der Magnetonen die ursprüngliche Anordnung verlassen, um sich unregelmäßig anzuordnen?

Diese Anordnung der Magnetonen ist auch ein ziemlich seltsamer Zug in der Hypothese von Ritz. Die Vorstellungen von Weiß können dazu beitragen, sie uns weniger fremdartig erscheinen zu lassen. Es ist notwendig, daß die Magnetonen sich, wenn nicht übereinander, so doch wenigstens parallel anordnen, weil ihre Wirkungen arithmetisch, oder doch

7. Materie und Weltäther.

wenigstens algebraisch, aber nicht geometrisch sich verstärken.

Was ist nun ein Magneton? Ist es ein an sich einfaches Ding? Wir müssen die Frage verneinen, wenn wir nicht auf die Ampèreschen Elementarströme verzichten wollen. Ein Magneton ist mithin ein Wirbel von Elektronen. Unsere Atome werden, wie man sieht, immer komplizierter.

Was uns aber mehr als alles andere eine Vorstellung von der Kompliziertheit des Atoms zu geben geeignet ist, ist die Überlegung, die Debierne am Ende seines Vortrages anstellte. Es handelt sich darum, das Gesetz der radio-aktiven Umformungen zu erklären. Dieses Gesetz ist außerordentlich einfach. Es ist ein exponentielles Gesetz. Betrachtet man nun seine Gestalt, so sieht man, daß es ein statistisches Gesetz ist und man erkennt die Hand des Zufalls. Der Zufall liegt hier aber nicht in den etwaigen Zusammenstößen mit anderen Atomen oder mit anderen äußeren Einwirkungen. Im Innern des Atoms selbst befindet sich die Ursache für seine Transformation. Man kann ebensogut von einer zufälligen Ursache sprechen, wie auch von einer sehr tiefliegenden. Wäre es anders, so würde eine Änderung der äußeren Umstände, der Temperatur z. B., einen Einfluß auf den Koeffizienten der Zeit im Exponenten der e-Potenz haben. Dieser Koeffizient ist merklich konstant, so daß Curie vorgeschlagen hat, sich seiner für ein absolutes Zeitmaß zu bedienen.

Der Zufall, dem diese Umformungen gehorchen, herrscht mithin im Innern des Atoms. Man kann sagen, das Atom eines radio-aktiven Körpers ist eine Welt, und zwar eine dem Zufall unterworfene Welt. Wenn man aber näher zusieht, so heißt es von großen Zahlen sprechen, wenn man vom Zufalle spricht. Eine in sich abgeschlossene Welt, die nur aus wenig Bausteinen besteht, würde mehr oder weniger komplizierten Gesetzen gehorchen; aber es wären nicht rein statistische Gesetze. Das Atom muß daher eine sehr komplizierte Welt sein. Allerdings ist es eine in sich abgeschlossene Welt; es ist geschützt vor allen äußeren Störungen, die wir hervorzurufen imstande sind. Da aber eine Statistik und mithin eine Thermodynamik im Innern des Atoms besteht, so können wir von der Innentemperatur des Atoms sprechen. Nun hat aber diese Temperatur keinerlei Bestreben, sich mit der Außentemperatur auszugleichen, gleich als wäre das Atom in eine vollkommen wärmeundurchlässige Hülle eingeschlossen. Gerade weil das Atom in sich abgeschlossen ist, weil seine Erscheinungsformen fest umgrenzt sind und es von strengen Wächtern behütet erscheint, ist das Atom ein Individuum.

Auf den ersten Blick hat diese Mannigfaltigkeit des Atoms nichts Störendes für unser Denken. Es

7. Materie und Weltäther.

hat den Anschein, daß sie uns keine Bedenken zu verursachen braucht. Aber nach einigem Nachdenken enthüllen sich uns die Schwierigkeiten, die anfangs verborgen blieben. Das, was man abgezählt hat, als man die Atome abzuzählen suchte, das waren die Freiheitsgrade. Wir haben stillschweigend vorausgesetzt, daß jedes Atom nur 3 Freiheitsgrade besitzt, denn damit werden wir den beobachteten Werten der spezifischen Wärmen gerecht. Aber jede neue Komplikation müßte einen neuen Freiheitsgrad liefern und damit sind wir in unserer Rechnung gestört. Diese Schwierigkeit ist den Schöpfern der Theorie der Gleichverteilung nicht entgangen. Sie stießen sich auch an der großen Zahl der Spektralstrahlen, aber da sie kein Mittel fanden, die Schwierigkeit zu beheben, hatten sie die Kühnheit, über sie hinwegzugehen.

Eine natürliche Erklärung erscheint dadurch gegeben, daß das Atom eine verwickelte, aber eine in sich abgeschlossene Welt bildet. Äußere Störungen haben keine Rückwirkung auf das, was sich im Innern abspielt und das, was sich im Innern abspielt, wirkt nicht nach außen. Dies wird nicht mit voller Strenge der Fall sein, denn sonst würden wir noch heute nichts davon wissen können, was im Innern vor sich geht und das Atom würde uns als ein bloßer materieller Punkt erscheinen. Die Wahrheit ist, daß wir in das Innere nur durch ein außerordentlich kleines Fenster sehen können und daß praktisch kein Energieaustausch zwischen dem Äußeren und dem Inneren des Atoms stattfindet und folglich keine Neigung zur Gleichverteilung der Energie zwischen den beiden Welten besteht. Die Innentemperatur zeigt, wie ich eben ausgeführt habe, nicht das Bestreben, sich mit der Außentemperatur auszugleichen und deshalb ist die spezifische Wärme dieselbe, als ob die ganze komplizierte innere Anordnung nicht bestünde. Stellen wir uns einen zusammengesetzten Körper vor, der aus einer hohlen Kugel besteht, dessen Innenwandung vollkommen wärmeundurchlässig sein soll, und im Innern eine Menge verschiedener Körper. Die spezifische Wärme, welche wir an diesem komplexen Körper beobachten können, wird die der Kugel sein, genau so als ob alle die Körper, die in den Hohlraum eingeschlossen sind, nicht bestünden.

Das Tor, das die Innenwelt des Atoms abschließt, öffnet sich nur von Zeit zu Zeit ein wenig und zwar dann, wenn durch Ausstoßung eines Heliumteilchens sich das Atom aufspaltet und in der Rangordnung der radio-aktiven Körper um eine Stufe herabsteigt. Was ereignet sich dabei? Worin unterscheidet sich diese Zerlegung von gewöhnlichen chemischen Zerlegungen? Inwiefern hat ein Uranium-Atom, das aus Helium und noch irgend etwas anderem besteht, mehr Anrecht auf die Bezeichnung Atom als die

7. Materie und Weltäther.

Atomgruppe Zyan z. B., das sich in so vielen Beziehungen wie ein einfacher Körper verhält und doch aus Kohlenstoff und Stickstoff besteht? Es besteht kein Zweifel, daß die Atomwärme des Uraniums (ich weiß übrigens nicht, ob sie bereits gemessen ist) dem Gesetze von Dulong und Petit folgt und daß es die spezifische Wärme eines einfachen Atoms ist. Sie muß sich daher in dem Augenblicke der Ausstoßung eines Heliumteilchens verdoppeln, da das ursprüngliche Atom sich dabei in zwei andere Atome zerteilt. Durch diese Zerlegung würde das ursprüngliche Atom neue Freiheitsgrade gewinnen, mit denen es nach außen wirken kann und diese neuen Freiheitsgrade würden sich in einer Vergrößerung der spezifischen Wärme äußern. Was ist nun die Folge dieses Unterschiedes zwischen der gesamten spezifischen Wärme des Atoms und der Teile, in die es zerfällt? Die Wärme, die durch den Zerfall frei wird, muß in hohem Maße mit der Temperatur sich ändern, so daß die Bildung radio-aktiver Moleküle, die bei gewöhnlicher Temperatur im höchsten Maße endothermisch verläuft, bei genügend hoher Temperatur exthermisch werden müßte. Man könnte so besser verstehen, wieso sich die radio-aktiven Körper bilden konnten, was stets ziemlich unerklärlich geblieben war.

Mag dem sein wie immer, die Vorstellung solcher kleiner, in sich abgeschlossener, oder höchstens ein wenig geöffneter Welten genügt nicht, um dem Problem gerecht zu werden. Es müßte die Gleichverteilung der Energie ohne Einschränkung für diese in sich geschlossene Welt Geltung haben mit Ausnahme des Augenblickes, wo eines der Tore sich öffnet. Die Erfahrung lehrt aber, daß dies nicht der Fall ist.

Die spezifische Wärme der festen Körper nimmt in hohem Maße ab, wenn die Temperatur sinkt, als ob ihre Freiheitsgrade allmählich sich versteifen und sozusagen erstarren würden, oder, wenn man es vorzieht, als ob sie ihren Zusammenhang mit der Außenwelt verlieren und bei ihrer letzten Bewegung in irgendeinen Hohlraum, in irgendeine abgeschlossene Welt sich zurückziehen würden.

Das Gesetz der schwarzen Strahlung andererseits stimmt nicht mit dem überein, was die Theorie der Gleichverteilung verlangt.

Das Gesetz, das sich aus der Theorie der Gleichverteilung ergibt, ist das Rayleighsche und dieses Gesetz, das übrigens schon in sich einen Widerspruch einschließt, weil es zu einer vollkommen unbegrenzten Strahlung führen würde, ist durchaus in Widerspruch mit der Erfahrung. In der wirklichen Strahlung der schwarzen Körper entfällt viel weniger auf die Lichtsorten von kurzer Wellenlänge, als es die Hypothese von der Gleichverteilung verlangen würde.

7. Materie und Weltäther.

Aus diesem Grunde hat Planck seine Quantentheorie ersonnen, wonach der Energieaustausch zwischen der gewöhnlichen Materie und den kleinen Strahlern, deren Schwingungen die Lichtwirkung bei dem Glühen der Körper verursachen, sich nur in unstetigen Sprüngen vollziehen kann. Ein solcher Strahler kann Energie in stetiger Weise weder aufnehmen noch verausgaben. Er kann einen Bruchteil eines Quants nicht aufnehmen, sondern bloß ein ganzes Quant oder gar nichts.

Warum nun nimmt die spezifische Wärme eines festen Körpers bei tiefer Temperatur ab? Warum scheinen einige seiner Freiheitsgrade keinen Einfluß zu haben? Deshalb, weil der Anteil an Energie, der ihnen bei tiefer Temperatur zur Verfügung steht, nicht genügt, um sie alle mit je einem Quantum zu versehen. Einige von ihnen müßten sich daher mit einem Bruchteil eines Quants begnügen; da sie aber alles oder gar nichts haben wollen, erhalten sie nichts und bleiben in einer Art von Erstarrung.

In gleicher Weise werden bei der Strahlung einzelne Strahler, welche kein ganzes Quant erlangen können, nichts erhalten und regungslos bleiben, so daß viel weniger Strahlung bei niedriger Temperatur sich ergibt, als ohne diesen Umstand der Fall wäre. Da das erforderliche Quant um so größer ist, je kleiner die Wellenlänge ist, werden es im allgemeinen die Strahler von kurzer Wellenlänge sein, welche in

Ruhe verbleiben, so daß der Bruchteil des Lichtes, der auf kurze Wellenlängen entfällt, reichlich kleiner ist, als es das Rayleighsche Gesetz verlangen würde.

Hier auszusprechen, daß eine derartige Theorie mannigfaltige Schwierigkeiten mit sich bringt, wäre eine große Naivität. Spricht man einen so außerordentlich kühnen Gedanken aus, so muß man wohl gewärtig sein, Schwierigkeiten zu begegnen. Man kehrt alle bisherigen Auffassungen von Grund aus um und läßt sich durch kein Hindernis beirren. Im Gegenteil, man müßte stutzen, wenn man keinen Schwierigkeiten begegnen würde. Es fragt sich, ob diese Schwierigkeiten ernsthafte Einwände in sich schließen.

Ich möchte trotzdem es wagen, Sie auf einige dieser Schwierigkeiten hinzuweisen und ich möchte nicht die größten, die naheliegendsten wählen, die sich jedem Denker aufdrängen. Es wäre dies recht zwecklos, da ja alle Welt gleich auf den ersten Schlag auf sie verfällt. Ich möchte Ihnen bloß eine Reihe von Überlegungen mitteilen, die sich mir allmählich dargeboten haben.

Ich habe mich zunächst gefragt, was der Wert der vorliegenden Ableitungen sei. Man hat die Wahrscheinlichkeit verschiedener Energieverteilungen ausgewertet, indem man sie einfach abzählte; dank der gemachten Grundannahme ist ihre Zahl eine

7. Materie und Weltäther.

endliche. Aber ich kann nicht recht einsehen, warum man sie als gleich wahrscheinlich betrachtet hat. Dann führt man die bekannten Beziehungen zwischen Temperatur, Entropie und Wahrscheinlichkeit ein. Das würde die Möglichkeit eines thermodynamischen Gleichgewichtszustandes zur Voraussetzung haben, da diese Beziehungen unter der Voraussetzung der Möglichkeit eines solchen Gleichgewichtes hergeleitet sind. Ich weiß wohl, daß die Erfahrung uns lehrt, daß ein solches Gleichgewicht realisierbar ist, weil es sich wirklich herstellen läßt. Das genügt mir aber nicht. Es fehlte der Nachweis, daß ein solches Gleichgewicht vereinbarlich ist mit der gemachten Grundannahme und darüber hinaus, daß es eine notwendige Folge derselben ist. Ich hatte nicht bestimmte Bedenken, aber ich empfand das Bedürfnis, ein wenig klarer zu sehen und dazu wäre es nötig, etwas in die Einzelheiten des Mechanismus einzudringen.

Damit es zu einer Verteilung der Energie unter den Resonatoren verschiedener Wellenlänge, deren Schwingungen die Strahlen verursachen, kommen könne, müssen sie imstande sein, ihre Energie gegenseitig auszutauschen. Sonst müßte die ursprüngliche Verteilung unbeschränkte Zeit erhalten bleiben; diese ist aber durchaus beliebig und von einem Strahlungsgesetze könnte keine Rede sein. Nun kann ein Strahler nur Licht von einer ganz bestimmten Wellenlänge an den Äther abgeben oder aufnehmen. Wenn daher die Strahler nicht mechanisch, das heißt ohne Vermittlung des Äthers aufeinander einwirken können und wenn sie ferner fest und in festen Hüllen eingeschlossen wären, so könnte jeder von ihnen nur Licht von einer bestimmten Farbe ausstrahlen oder verschlucken. Ein Austausch der Energie wäre nur zwischen Strahlern möglich, die vollkommen aufeinander abgestimmt sind, und die ursprüngliche Verteilung bliebe unverändert. Wir können uns aber zwei Arten von Energieaustausch vorstellen, denen gegenüber man einen solchen Einwand nicht erheben könnte. Einerseits können Atome und freie Elektronen von einem Strahler zum anderen übergehen, Stöße gegen den Strahler ausführen, ihm Energie vermitteln oder von ihm aufnehmen. Andererseits ändert Licht, das von bewegten Spiegelflächen zurückgeworfen wird, seine Wellenlänge nach dem Dopplerschen Prinzip.

Steht es nun frei, zwischen diesen beiden Mechanismen zu wählen? Keineswegs. Es erscheint vielmehr gewiß, daß sowohl der eine, als auch der andere eine Rolle spielt und daß beide uns zu dem gleichen Ergebnisse, also zu demselben Strahlungsgesetze führen müssen. Was würde es zu bedeuten haben, wenn die Ergebnisse tatsächlich einander widersprechend wären, wenn der Mechanismus der Energieübertragung durch Stöße für sich allein ein bestimmtes Strahlungsgesetz zur Folge hätte, etwa das Plancksche, während der auf dem Dopplerschen Prinzipe ruhende Mechanismus ein anderes Strahlungsgesetz ergeben würde? Nun, das würde heißen, daß die Welt, da beide Vorgänge ins Spiel kommen müssen, aber je nach den zufälligen Begleitumständen einen verschieden großen Einfluß haben, unaufhörlich aus einem Gesetze in das andere fallen und nicht mehr einem stabilen Endzustande zustreben würde, nämlich dem Wärmetode, jenseits dessen keine Änderung mehr möglich ist. Der zweite Hauptsatz der Thermodynamik wäre dann nicht mehr richtig.

Ich habe mich daher entschlossen, diese beiden Wege nacheinander zu untersuchen und ich möchte mit der mechanischen Wirkung durch Stoß beginnen. Sie wissen, warum die alten Theorien uns mit Notwendigkeit zu dem Gesetze der Gleichverteilung führen. Es ist dies deshalb der Fall, weil sie voraussetzen, daß alle Gleichungen der Mechanik von der Form der Hamiltonschen Gleichungen sind und daß sie daher die Einheit als letzten Multiplikator im Sinne von Jacobi zulassen. Man muß daher annehmen, daß die Stoßgesetze zwischen einem freien Elektron und einem Strahler nicht mehr dieselbe Gestalt haben und daß die Gleichungen, nach denen diese Prozesse vor sich gehen, einen von eins verschiedenen Multiplikator zulassen. Allerdings müssen auch sie einen solchen Multiplikator besitzen, sonst wäre der zweite Hauptsatz der Thermodynamik nicht mehr in Geltung und wir ständen derselben Schwierigkeit gegenüber wie zu Beginn. Aber dieser Multiplikator muß nicht gleich der Einheit sein.

Gerade dieser Multiplikator ist ein Maß für die Wahrscheinlichkeit eines gegebenen Zustandes des Systems — oder vielmehr für das, was man die Wahrscheinlichkeitsdichte nennen könnte. Nach der Quantentheorie kann dieser Multiplikator keine stetige Funktion sein, da die Wahrscheinlichkeit eines Zustandes immer dann Null sein muß, wenn die zugehörige Energie nicht ein Vielfaches des Quantums ist. Das ist eine offenbare Schwierigkeit, aber es ist eine von denen, die wir von Anfang an zu übergehen entschlossen waren. Ich habe mich nicht davon abschrecken lassen, sondern vielmehr die Rechnung bis zu Ende durchgeführt und bin zu den Gesetzen von Planck gekommen. Dies läßt die Auffassung des deutschen Physikers in vollem Maße berechtigt erscheinen.

Ich bin hierauf zu dem Mechanismus nach dem Dopplerschen Gesetze übergegangen. Denken wir uns einen Hohlraum, gebildet aus einem Zylinder und einem Kolben, dessen Wände vollkommen spiegelnd sind. In diesem Hohlraume sei eine bestimmte Menge von Lichtenergie mit einer beliebigen Verteilung nach Lichtwellenlängen eingeschlossen, aber

7. Materie und Weltäther. 217

ohne eine Lichtquelle. Die Lichtenergie ist daher ein für allemal abgeschlossen.

Solange der Kolben nicht bewegt wird, wird sich die Energieverteilung nicht ändern können, denn das Licht wird seine Wellenlänge bei den Spiegelungen bewahren. Sobald man aber den Kolben verschiebt, wird sich die Verteilung ändern. Ist die Geschwindigkeit des Kolbens sehr klein, so ist der Vorgang umkehrbar und die Entropie kann daher ihren Wert nicht ändern. Man kommt so wieder auf die Wiensche Ableitung und das Wiensche Gesetz. Aber man kommt auf diesem Wege nicht vorwärts, denn dieses Gesetz ist sowohl der alten, als auch der neuen Theorie gemeinsam. Ist die Geschwindigkeit des Kolbens nicht mehr klein, so wird der Vorgang irreversibel. Die thermodynamische Behandlung führt uns dann nicht mehr zu Gleichungen, sondern nur zu Ungleichungen, aus denen aber man keine Schlußfolgerungen ziehen kann.

Es scheint allerdings, daß man folgendermaßen schließen könnte: Nehmen wir an, daß die Energieverteilung zu Beginn die der schwarzen Strahlung sei. Es ist dies offenbar die Verteilung, welche dem Maximum der Entropie entspricht. Führt man einige Kolbenhube aus, so wird die endgültige Verteilung daher immer die gleiche bleiben müssen, denn sonst hätte sich die Entropie verkleinert. Wie auch die Anfangsverteilung gewesen sein mag, nach einer sehr großen Zahl von Kolbenhuben wird als endgültige Verteilung sich jene einstellen, die die Entropie auf einen Höchstwert bringt, also die Verteilung, die der schwarzen Strahlung entspricht. Eine solche Schlußfolgerung hätte keine Berechtigung.

Die Verteilung der Energie zeigt das Bestreben, sich der Verteilung bei der schwarzen Strahlung zu nähern. Sie kann sich davon ebensowenig entfernen, wie die Wärme nicht von einem kalten Körper zu einem warmen übergehen kann, das heißt, es kann dies nicht geschehen, wenn nicht ein kompensierender Gegenvorgang vorhanden ist. Hier ist nun ein solcher Gegenvorgang vorhanden. Führt man einen Kolbenhub aus, so leistet man eine Arbeit, die sich in der vermehrten Lichtenergie wiederfindet, die im Inneren des Zylinders eingeschlossen ist, das heißt, diese Arbeit hat sich in Wärme umgewandelt.

Diese Schwierigkeit würde verschwinden, wenn die bewegten Körper, an denen die Spiegelung des Lichtes sich vollzieht, unendlich klein und unendlich zahlreich wären, weil dann ihre Bewegungsenergie nicht mehr mechanische Arbeit, sondern Wärme vorstellen würde. Man wäre daher nicht mehr imstande, die Entropieverkleinerung, die einer Änderung in der Verteilung der Wellenlänge entspricht, durch die Umformung von Arbeit in Wärme zu kompensieren und man wäre daher dann berechtigt zu schließen, daß, wenn die Anfangsverteilung die der schwarzen Strahlung ist, diese Verteilung unbegrenzte Zeit bestehen bleiben muß.

Nehmen wir nun einen Hohlraum an, der von festen, spiegelnden Wänden gebildet wird. Wir wollen in ihm nicht nur Lichtenergie, sondern auch ein Gas einschließen. Die Moleküle dieses Gases sollen die Rolle beweglicher Spiegel einnehmen. Ist die Energieverteilung über die Wellenlängen die, die der schwarzen Strahlung bei der Temperatur des Gases entspricht, so muß der Zustand unverändert bleiben. Das heißt:

1. Die Wirkung des Lichtes auf die Moleküle kann keine Änderung der Temperatur hervorrufen.

2. Die Wirkung der Moleküle auf das Licht kann die Energieverteilung der Strahlung nicht ändern.

Einstein hat die Wirkung des Lichtes auf die Moleküle zum Gegenstande einer Untersuchung gemacht. Diese Moleküle erleiden tatsächlich etwas, was dem Lichtdrucke gleicht. Einstein hat sich nicht gerade stets auf einen einfachen Standpunkt gestellt. Seine Moleküle betrachtet er als kleine bewegliche Resonatoren, die imstande sind, gleichzeitig sowohl lebendige Kraft zufolge der Bewegung, als auch Energie zufolge der elektrischen Schwingungen zu besitzen. Das Ergebnis war in allen Fällen stets dasselbe. Er wurde wieder zu dem Rayleighschen Gesetze geführt.

Ich selbst schlug den umgekehrten Weg ein, das

heißt, ich untersuchte die Wirkung der Moleküle auf das Licht. Die Moleküle sind zu klein, um eine regelmäßige Spiegelung zu liefern; sie rufen lediglich eine Diffusion hervor. Was nun diese Diffusion ist, wenn man sich nicht um die Bewegungen der Moleküle kümmert, das wissen wir, sowohl aus der Theorie, als auch durch die Erfahrung. Die Diffusion ist das, was tatsächlich die blaue Färbung des Himmels hervorbringt.

Die Diffusion ändert nicht die Wellenlänge. Sie ist aber um so stärker, je kleiner die Lichtwellenlänge ist.

Man muß nun von der Wirkung eines ruhenden Moleküles zu der Wirkung eines Moleküles in Bewegung übergehen, um auch der Wärmebewegung Rechnung zu tragen. Dies ist leicht. Wir haben nur das Lorentzsche Relativitäts-Prinzip zur Anwendung zu bringen. Aus diesem Prinzipe folgt, daß zwei verschiedene Lichtbündel von gleicher wirklicher Wellenlänge, die auf das Molekül aus verschiedenen Richtungen auftreffen, nicht mehr dieselbe scheinbare Wellenlänge für einen Beobachter haben werden, für den das Molekül sich in Ruhe befindet. Die scheinbare Wellenlänge ist durch die zerstreute Spiegelung nicht geändert. Es ist dies aber nicht mehr der Fall bezüglich der wirklichen Wellenlänge.

Man gelangt so zu einem bemerkenswerten Gesetze; die regelmäßig oder diffus zurückgestrahlte

7. Materie und Weltäther.

Lichtenergie ist nicht mehr gleich der auffallenden Energie. Es ist nicht die Energie, sondern das Produkt der Energie mal der Wellenlänge, das ungeändert bleibt. Dies hat mich anfangs sehr befriedigt. Es würde tatsächlich daraus folgen, daß ein auffallendes Quant auch ein zurückgestrahltes Quant ergibt, da das Quant im umgekehrten Verhältnis zur Länge der Welle steht. Leider ist damit nichts gegeben.

Diese Untersuchung führte mich zu dem Rayleighschen Gesetze. Dies war mir nun von vornherein vollkommen klar. Aber ich hatte gehofft, daß ich durch die Beobachtung, wie ich zu dem Rayleighschen Gesetze geführt wurde, die Änderungen würde klarer erkennen können, die man an den Grundvoraussetzungen vornehmen müßte, um wieder zum Planckschen Gesetze zu gelangen. In dieser Hoffnung nun sah ich mich getäuscht. Mein erster Gedanke war, irgendeine Sache zu suchen, welche an die Quantentheorie gemahnte. Es wäre tatsächlich überraschend gewesen, wenn man durch zwei vollkommen verschiedene Erklärungen derselben Abweichung von dem Gesetze der Gleichverteilung hätte Rechnung tragen können mit Rücksicht auf den Mechanismus, aus welchem sich diese Abweichung herleitet. Wie kann man nun zu einer unstetigen Struktur der Energie gelangen? Man könnte annehmen, daß diese Unstetigkeit der Lichtenergie selbst zukommt, die durch den freien Äther hindurchtritt und daß folglich das Licht nicht in zusammenhängender Menge auf die Moleküle auftrifft, sondern in kleinen, voneinander getrennten Partien. Es ist leicht zu überblicken, daß dies nichts am Ergebnisse ändern würde.

Man könnte auch annehmen, daß die Unstetigkeit im Augenblicke der Diffusion selbst entsteht, daß das Molekül, an dem die Diffusion vor sich geht, das Licht nicht in stetiger Weise umformt, sondern in aufeinanderfolgenden Quanten. Aber das geht auch nicht, weil dann das Licht, das transformiert werden soll, in einem Vorraum warten müßte. Es wäre das mit einem Stellwagen zu vergleichen, der mit der Abfahrt wartet, bis er voll besetzt ist. Daraus ergibt sich mit Notwendigkeit eine Verzögerung. Nun, die Theorie von Lord Rayleigh lehrt uns, daß die Diffusion durch die Moleküle, sobald sie ohne Ablenkung von der Richtung des einfallenden Strahles stattfindet, einfach die gewöhnliche Refraktion hervorbringt. Das heißt, das diffus zerstreute Licht interferiert regelmäßig mit dem einfallenden Lichte, was nicht möglich wäre, wenn es einen Phasenverlust erlitten hätte.

Fragen wir uns vorurteilslos, welche unserer Grundvoraussetzungen wir fallen lassen könnten, so sind wir in keiner geringen Verlegenheit: Man sieht nicht ein, wie man vom Relativitätsprinzip abgehen könnte. Ist es nun etwa das Gesetz der Diffusion durch die ruhenden Moleküle, was man abändern muß? Auch das erscheint wenig tunlich. Wir können doch wohl nicht unserer Vorstellung soweit Gewalt antun, zu glauben, daß der Himmel nicht blau ist.

Ich möchte mich damit begnügen, auf diese Schwierigkeit hingewiesen zu haben und schließe mit der folgenden Betrachtung: In dem Maße als die Naturwissenschaft fortschreitet, wird es immer schwieriger, für eine neue Tatsache Platz zu schaffen, die sich nicht von selbst einordnet. Die althergebrachten Theorien ruhen auf einer außerordentlich großen Anzahl von zahlenmäßigen Übereinstimmungen, welche nicht dem bloßen Zufall zugeschrieben werden können. Wir können daher nicht trennen, was diese Theorien vereinigt haben. Wir können die geschlossenen Reihen nicht durcheinander werfen, sondern wir müssen versuchen, sie zu erweitern und das will nun nicht immer gelingen. Das Gesetz von der Gleichverteilung hat so vielen Tatsachen entsprochen, daß es einen Teil der Wahrheit enthalten muß. Andererseits enthält es nicht die vollkommene Wahrheit, weil es nicht allen Erfahrungstatsachen Rechnung zu tragen vermag. Man kann das Gesetz weder fallen lassen, noch auch ohne Abänderung beibehalten. Die Abänderungen aber, die sich darbieten, erscheinen so fremdartig, daß man sich sträubt, sich damit zufrieden zu geben. Bei dem gegenwärtigen Standpunkte unserer Erkenntnis können wir nur die Schwierigkeiten feststellen, ohne sie zu lösen.

8. Moral und Wissenschaft.

In der zweiten Hälfte des 19. Jahrhunderts hat man häufig davon geträumt, eine wissenschaftliche Moral zu begründen. Man begnügte sich nicht, den erzieherischen Wert der Wissenschaft zu rühmen, den Vorteil, den der Geist daraus schöpft, daß er in immer vollkommener Weise befähigt wird, der Wahrheit ins Antlitz zu sehen. Man war der Ansicht, die Wissenschaft vermittle auch sittliche Wahrheiten, die über jede Debatte erhaben seien, so, wie sie es für die mathematischen Lehrsätze und für die physikalischen Gesetze geleistet hat.

Die Religion mag eine große Gewalt über gläubige Seelen haben. Aber es sind nicht alle Menschen gläubig. Der Glaube ist nur für manche unter uns zwingend, die Vernunft aber für alle. An Vernunftgründe also müssen wir uns halten. Damit meine ich aber nicht die der Metaphysiker, deren Gebäude von schillernder Pracht, aber nicht von langer Dauer sind, wie die Seifenblasen, an denen man sich einen Augenblick ergötzt und die dann zerplatzen. Die

8. Moral und Wissenschaft.

Naturforschung allein schreitet auf sicherem Boden vorwärts. Diesen Weg ist die Astronomie gegangen und die Physik; ihn geht heute auch die Biologie. Nach gleichen Grundgesetzen wird sich schließlich auch die Moral entwickeln. Ihre Vorschriften werden dann ohne Unterschied der Parteien Geltung haben. Niemand wird gegen sie murren können und man wird ebensowenig daran denken, sich gegen das sittliche Gesetz aufzulehnen, als heute jemand daran denkt, sich gegen den Satz von den drei Senkrechten oder das Gravitationsgesetz aufzulehnen.

Andererseits hat es Leute gegeben, welche in der Wissenschaft die Wurzel alles Übels sehen und sie für eine Schule der Sittenlosigkeit halten. Nicht bloß, daß sie dem Stofflichen zu viel Platz einräumt, daß sie uns die ehrfürchtige Scheu raubt, weil sie nichts anerkennen will als die Dinge, die man mit dem Verstande erfassen kann. Aber führen nicht ihre Schlüsse geradezu zu einer Verneinung der Moral? Sie löscht, wie irgendein hochberühmter Schriftsteller sagte, des Himmels Lichter aus, oder reißt doch wenigstens den Schleier des Geheimnisvollen von ihnen herab und macht sie zu ganz gewöhnlichen Gasklumpen. Sie versucht uns die Wege des Schöpfers zu enthüllen, und setzt ihn dadurch gewissermaßen in seinem Ansehen herab. Es ist nicht gut, die Kinder hinter die Kulissen sehen zu lassen. Es könnte sie das auf den Gedanken

8. Moral und Wissenschaft.

bringen, an der Existenz des Popanz zu zweifeln, mit dem man sie in Schranken hält. Läßt man die Gelehrten gewähren, so wird es bald mit der Sittlichkeit vorüber sein.

Was haben wir nun von den Hoffnungen der einen und den Befürchtungen der anderen zu halten? Ich stehe nicht an zu antworten: Die ersteren sind so unbegründet wie die letzteren. Eine wissenschaftliche Moral kann es gar nicht geben. Es kann aber ebensowenig eine unmoralische Wissenschaft geben. Der Grund liegt auf der Hand. Er ist, wenn ich so sagen soll, grammatikalischer Natur.

Sind die Voraussetzungen eines logischen Schlusses beide der Form nach Aussagen, so wird auch die Schlußfolgerung eine Aussage sein. Damit die Schlußfolgerung die Gestalt eines Befehles annehme, ist es unerläßlich, daß wenigstens eine der beiden Voraussetzungen selbst von befehlender Form sei. Nun, die Lehrsätze der Wissenschaft, die Postulate der Geometrie sind rein aussagend und können es nur sein. Das Gleiche ist der Fall mit den Erfahrungstatsachen des wissenschaftlichen Versuches und im Grunde aller Wissenschaft gibt es nichts anderes und kann es nichts anderes geben. Mag ein gewandter Dialektiker die Voraussetzungen, von denen er ausgeht, noch so sehr durcheinanderwirbeln, sie verbinden und zu Schlüssen aufeinandertürmen: Was er erhält, wird stets wieder eine Aussage sein. Niemals wird er zu einem Gesetze gelangen, das lauten würde: Tue dies! oder Tue dies nicht! also zu einem Satze, der dem sittlichen Gesetze entsprechen oder ihm entgegenstehen könnte.

Hier liegt nun die eine Schwierigkeit, der die Vertreter der Sittenlehre seit langem gegenüberstehen. Sie bemühen sich, das sittliche Gesetz zu beweisen. Man muß ihnen das verzeihen, denn es ist ihr Beruf. Sie wollen die Moral auf irgend etwas anderes begründen, als ob man die Moral auf etwas anderes als auf sich selbst stützen könnte. Die Wissenschaft lehrt uns, daß der Mensch sich herabsetzt, wenn er in dieser oder jener Weise sein Leben führt. Wie aber, wenn mir nichts daran liegt, mich herabzusetzen; wenn ich das, was die anderen Niedergang nennen, Fortschritt taufe? Die Metaphysik verhält uns dazu, uns dem allgemeinen Gesetze alles Seins anzupassen, das sie enthüllt zu haben vorgibt. Ich ziehe es vor, könnte man ihr erwidern, meinem eigenen, besonderen Gesetze zu folgen. Ich weiß nicht, was die Metaphysik antworten würde, aber ich bin sicher, daß sie nicht das letzte Wort behalten würde.

Ist nun die auf der Religion gegründete Sittlichkeit glücklicher als die auf der Wissenschaft und Metaphysik beruhende? Gehorche, weil Gott es befiehlt und weil es der Herr ist, der jeden Widerstand hinwegzufegen vermag! Ist das nun ein Beweis? Wird man dem nicht entgegenhalten können, daß es erhaben ist, gegen die Allmacht anzukämpfen und daß im Kampfe zwischen Jupiter und Prometheus der gepeinigte Prometheus der wahre Sieger ist? Und so handelt es sich eigentlich nicht um ein Gehorchen, sondern um ein Zurückweichen vor der Gewalt; den Gehorsam der Herzen aber kann man nicht erzwingen.

Ebensowenig vermögen wir eine Moral zu begründen auf dem Bedürfnis einer Gemeinschaft, auf dem Begriffe des Vaterlandes, auf der Nächstenliebe. Der Nachweis wäre zu erbringen, daß man, wenn es not tut, sich für den Staat, dem man angehört, opfern muß, oder auch wohl für das Wohl unserer Nebenmenschen. Und diesen Beweis kann uns weder die Logik, noch die Naturwissenschaft liefern. Ja sogar die Moral des wohlverstandenen Vorteils, die des Egoismus, wäre ohnmächtig, da es schließlich nicht gewiß ist, ob ein egoistisches Verhalten am Platze ist und es Leute gibt, die es nicht im geringsten sind.

Der ganzen dogmatischen Sittenlehre und auch der ganzen beweisenden Moral ist von vornherein ein sicherer Mißerfolg beschieden. Sie gleicht einer Maschine, wo nur die Vorrichtungen für die Übertragung der Bewegungen vorhanden sind, aber keine bewegende Energie. Die sittliche Triebkraft, also das,

8. Moral und Wissenschaft.

was imstande ist, die Räder des Getriebes im Schwung zu versetzen, kann nur ein Gefühl sein. Es läßt sich nicht beweisen, daß wir Mitleid mit den Unglücklichen haben müssen. Stehen wir aber unverdientem Unglück gegenüber, ein Schauspiel, das leider nur zu häufig ist, so fühlen wir uns von einem Gefühle der Empörung erfaßt. Eine geheimnisvolle Energie wird in uns wach, die keiner Überlegung Gehör schenkt und uns unwiderstehlich, wie gegen unseren Willen, mit sich fortreißt.

Man kann nicht beweisen, daß man verpflichtet ist, der Gottheit zu gehorchen, selbst wenn es gelänge, den Beweis zu erbringen, daß diese Gottheit allmächtig ist und uns vernichten kann. Selbst dann könnte man es nicht, wenn man uns nachgewiesen hätte, daß diese Gottheit gütig ist und daß wir ihr zu Dankbarkeit verpflichtet sind. Es gibt ja Leute, welche das Recht auf Undankbarkeit für das wertvollste der Menschenrechte halten. Wenn wir aber diese Gottheit l i e b e n, dann ist jeder Beweis überflüssig, dann erscheint uns der Gehorsam vollkommen natürlich und das ist der Grund, weshalb die Religionen Macht über die Geister besitzen, während dies bei der Metaphysik nicht der Fall ist.

Würde man nun von uns verlangen, die Gründe anzugeben für unsere Liebe zum Vaterlande, vermöchte man uns recht in Verlegenheit zu bringen. Stellen wir uns aber im Geiste vor, daß unsere Heere geschlagen, daß Frankreich von Feinden überflutet ist, dann wird unser ganzes Herz sich dagegen auflehnen, die Tränen werden uns in die Augen steigen und alles andere wird uns gleichgültig sein. Wenn heutzutage gewisse Leute mit allerhand Spitzfindigkeiten gegen die Berechtigung dieser Empfindungen eifern, so geschieht das wohl zweifellos, weil sie nicht genug Vorstellungskraft besitzen, weil sie sich all das Unheil nicht vergegenwärtigen hönnen; wenn aber das Unheil oder die Strafe des Himmels sich vor ihren Augen niedersenkten, dann würde sich ihr Herz ebenso empören wie das unsere.

Die Wissenschaft kann daher für sich allein eine Moral nicht begründen. Sie kann übrigens auch allein und unmittelbar das überlieferte Sittengesetz weder ins Wanken bringen, noch umstoßen. Aber kann sie vielleicht eine mittelbare Wirkung ausüben? Im folgenden möchte ich andeuten, auf welche Weise sich ein solcher Einfluß geltend machen könnte. Die Wissenschaft kann die Entstehung neuer Gefühle zur Folge haben, nicht in dem Sinne, als ob die Gefühle ein Gegenstand des wissenschaftlichen Beweises sein könnten, sondern deshalb, weil jede menschliche Tätigkeit auf den Menschen zurückwirkt und in ihm neue Neigungen erweckt. Es gibt für jeden Beruf eine eigene Fachpsychologie. Die Gefühle des Arbeiters sind nicht die des Geldmenschen, und auch der Forscher hat

8. Moral und Wissenschaft.

daher seine eigene, besondere Psychologie, ich meine seine Gemütsverfassung, in deren Lichte er alles betrachtet, auch das, was mit der Wissenschaft nur weitläufig im Zusammenhange steht.

Andererseits kann die Wissenschaft die Gefühle, welche von selbst bei dem Menschen auftreten, zum Gegenstande ihrer Untersuchung machen. Wir wollen unseren vorigen Vergleich wieder heranziehen. Man wird sehr wohl verwickelte Anordnungen von Kurbeln und Schrauben bauen können, die Vorrichtung wird sich aber trotzdem nicht bewegen, wenn kein Dampf im Kessel ist. Ist aber der Dampf da, so wird die Art der Arbeit, die er verrichtet, nicht stets dieselbe sein. Sie wird vielmehr abhängen von dem Mechanismus, auf den man ihn einwirken läßt. In gleicher Weise kann man sagen, daß unser Gefühl nur im allgemeinen eine Triebfeder unserer Handlungsweise vorstellt. Es wird uns den Obersatz in unseren Schlüssen liefern, der, wie es sein muß, Befehlsform haben wird. Daneben wird uns die Wissenschaft den Untersatz liefern, der in aussagender Form gegeben ist. Aus beiden wird man den Schluß ziehen, der ebenfalls Befehlsform wird haben können. Wir wollen nun der Reihe nach die beiden oben dargelegten Auffassungsweisen untersuchen.

Vermag zunächst die Wissenschaft schöpferisch oder anregend auf die Bildung neuer Gefühle zu wirken? Und was die Wissenschaft nicht vermag, wird es vielleicht die Liebe zur Wissenschaft tun können?

Die Wissenschaft bringt uns ununterbrochen mit Dingen in Berührung, welche größer sind als wir selbst. Sie gewährt uns einen täglich neuen und täglich erweiterten Rundblick, und was sie uns schließlich auch Großes zeigt, stets regt sie uns an, uns Dinge vorzustellen, die noch größer sind. Dieses Schauspiel ist für uns eine Freude, aber eine Freude, bei der wir uns selbst vergessen und das ist das sittlich Gute daran.

Wer je davon gekostet, wer die glänzende Harmonie der Naturgesetze auf sich hat wirken lassen, wird eher als jemand anderer geneigt sein, sich wenig um seine kleinen persönlichen Interessen zu bekümmern. Er wird ein hohes Ziel haben, das er mehr liebt, als sich selbst und nur auf diesem Boden kann man eine Sittlichkeitslehre begründen. Für sein Ziel wird der Forscher arbeiten, ohne sich seine Mühe groß anzurechnen, ohne für sie klingenden Lohn zu verlangen, der für gewisse Menschen alles bedeutet. Und hat er sich einmal daran gewöhnt, das persönliche Interesse hintanzustellen, so wird diese Angewöhnung ihn überall begleiten. Sein ganzes Leben erscheint dadurch verklärt.

Außerdem ist die Leidenschaft, die die Forschung einflößt, der Drang nach Wahrheit. Ist ein solcher

Drang nicht schon an und für sich sittlich? Nichts muß so bekämpft werden wie die Lüge, weil sie einer der verbreitetsten Fehler bei dem ungekünstelten Menschen ist und gleichzeitig einer der schimpflichsten. Nun, haben wir uns einmal an die wissenschaftliche Arbeitsweise mit ihrer peinlichen Genauigkeit, dem Abscheu vor jedem unerlaubten Kunstgriffe gewöhnt, so werden wir den Vorwurf, die Ergebnisse, wenn auch nur in ganz unschädlicher Weise, gefälscht zu haben, als die größte Schande ansehen, denn dies würde für uns einen unauslöschlichen beruflichen Makel bedeuten. Werden wir dann nicht bei allen unseren Handlungen dieses Streben nach absoluter Aufrichtigkeit betätigen, derart, daß wir es gar nicht mehr verstehen, was andere Menschen dazu treibt, zu lügen? Und ist es nicht das beste Mittel, die seltenste und schwierigste aller Aufrichtigkeiten zu erwerben, welche darin besteht, daß man sich nicht selbst betrügt?

Bei unseren Mißerfolgen wird uns die Größe unseres Ideales aufrecht erhalten. Man wird ein anderes Ideal vorziehen können. Aber ist denn die Gottheit des Forschers weniger groß, weil sie sich weiter und weiter von uns entfernt? Es ist richtig, diese Gottheit ist unbeweglich und viele Gemüter wird dies schmerzlich berühren. Aber wenigstens nimmt unsere Gottheit nicht Partei in unseren Kleinlichkeiten und unseren armseligen Gehässigkeiten, wie es so häufig der Gott der Theologen tut. Die Vorstellung eines Gesetzes, das stärker ist als wir, dem man sich nicht entgegensetzen kann, sondern dem man sich fügen muß um jeden Preis, kann ebenfalls etwas Heilsames in sich schließen, man kann es wenigstens ertragen. Wäre es nicht besser, unsere Bauern würden glauben, das Gesetz lasse sich niemals beugen, anstatt zu meinen, die Behörden müßten es zu ihren Gunsten wenden können, wenn sie nur die Vermittelung eines hinreichend einflußreichen Abgeordneten anrufen?

Die Wissenschaft hat, wie Aristoteles sagt, das Allgemeine zu ihrem Gegenstande. Einer einzelnen Tatsache gegenüber wünscht sie das allgemeine Gesetz zu kennen, sie strebt einer immer weitergehenden Verallgemeinerung zu. Es könnte auf den ersten Blick erscheinen, daß hier nur eine Denkgewohnheit vorliegt. Aber die Denkgewohnheiten haben auch ihre moralische Rückwirkung. Haben wir uns gewöhnt, uns wenig aus einem besonderen Falle, aus dem einzelnen Ereignis zu machen, weil es unser Denken nicht weiter anregt, so werden wir naturgemäß dazu geführt, auch nur wenig Wert darauf zu legen, keinen besonders erstrebenswerten Gegenstand darin zu sehen und, ohne zu klagen, darauf zu verzichten. Durch den Zwang, umfassend zu denken, wird man sozusagen „erhaben", man sieht nicht mehr das Kleine und da man es nicht sieht, unter-

8. Moral und Wissenschaft.

liegt man nicht der Gefahr, es zu seinem Lebenszweck zu machen. So wird man auch naturgemäß geneigt sein, die Bedürfnisse des Einzelnen denen der Allgemeinheit unterzuordnen und das ist auch eine Moral.

Außerdem leistet uns die Naturforschung noch einen anderen Dienst. Sie ist ein Sammelwerk und kann nichts anderes sein. Sie ist gleichsam ein Denkmal, dessen Errichtung Jahrhunderte dauert und zu dem ein jeder seinen Baustein herbeibringt. Und dieser Baustein macht ihm meistens sein ganzes Leben lang zu schaffen. So gibt uns die Forschung das Gefühl von der Notwendigkeit des Zusammenwirkens, von der Gemeinsamkeit unserer eigenen Bestrebungen mit denen unserer Zeitgenossen und selbst unserer Vor- und Nachfahren. Man empfindet, daß man nur ein schlichter Soldat, nur ein kleiner Teil eines großen Ganzen ist. Es ist dasselbe Gefühl der Einordnung, das die Grundlage des militärischen Bewußtseins bildet und das den schlichten Sinn des Landwirtes, oder den zügellosen Geist des Abenteurers dermaßen umformt, daß er aller Hingebung und Aufopferung fähig wird. Wenn auch die Verhältnisse einigermaßen anders liegen, so kann doch auch die Forschung eine ähnliche günstige Wirkung ausüben. Wir fühlen, daß wir für die Menschheit arbeiten, und die Menschheit wird uns dadurch teuer.

8. Moral und Wissenschaft.

Nach dem „Für" nun das „Wider". Da uns nun die Forschung nicht mehr als machtlos über die Herzen und einflußlos für die Sittlichkeit erscheint, so kann sie doch wohl ebenso einen schädlichen Einfluß haben, wie einen günstigen. Zunächst ist jede Leidenschaft eigensüchtig. Sie kann uns dazu bringen, alles, was nicht mit ihr zusammenhängt, aus dem Auge zu verlieren. Die Liebe zur Wahrheit ist zweifellos eine große Sache, aber es wäre schlimm, wenn wir, um ihr nachzujagen, all die vielen anderen wertvollen Dinge opfern würden, wie die Güte, das Mitleid, die Nächstenliebe. Auf die Nachricht irgendeiner Katastrophe, eines Erdbebens hin, könnten wir die Leiden der Opfer vergessen und an nichts anderes denken, als an die Richtung und die Amplitude der Erdwelle. Ja, wir könnten in dem Ereignis noch ein Glück erblicken, wenn das Beben irgendein, noch unbekanntes Gesetz der Seismologie uns offenbart hätte.

Ein Beispiel sei hier angeführt, das sich aufdrängt. Die Physiologen üben ohne Bedenken die Vivisektion aus und das ist in den Augen mancher alter Damen ein Verbrechen, das weder die wissenschaftlichen Errungenschaften der Vergangenheit, noch der Zukunft werden jemals entschuldigen können. Wollte man ihnen glauben, so müßten die Biologen, weil sie sich ohne Barmherzigkeit gegen die Tiere zeigen, auch als gewalttätig gegen die

8. Moral und Wissenschaft.

Menschen sich erweisen. Jene Damen sind ganz gewiß im Unrecht. Ich wenigstens habe sehr gütige Menschen unter den Biologen kennen gelernt.

Die Frage der Vivisektion verdient es, daß wir uns einen Augenblick bei ihr aufhalten, selbst wenn uns dies ein wenig von unserem Gegenstande abbringt. Es liegt hier einer der Pflichtenkonflikte vor, die uns das tägliche Leben so zahlreich darbietet. Der Mensch kann auf die Forschung nicht verzichten, ohne sich selbst herabzusetzen und das ist der Grund, weshalb die Forschung und ihre Bedürfnisse unantastbar sind. Sie sind es aber auch im Hinblicke auf das unübersehbare Übel, das die Forschung heilen, oder dem sie wenigstens vorbeugen kann. Andererseits ist das Quälen etwas Verwerfliches. Ich sage ausdrücklich nicht das Töten, sondern das Quälen. Mögen auch die niedriger stehenden Lebewesen weniger lebhaft empfinden als der Mensch, sie verdienen unser Mitleid und man wird sich dem nur bei oberflächlicher Betrachtung entziehen können. Der Biologe darf daher selbst in anima vili nur Versuche ausführen, die wirklich von Nutzen sind. Es gibt außerdem meist Mittel, um den Schmerz möglichst herabzusetzen. Man hat die Pflicht, sich ihrer zu bedienen. In dieser Sache aber muß man sich auf das Gewissen des Forschers verlassen. Jeder Eingriff durch die Gesetzgebung wäre unangebracht und ein wenig lächerlich. Das Parla-

8. Moral und Wissenschaft.

ment vermag alles, sagt man in England, außer aus einem Weiblein ein Männlein zu machen. Es vermag alles, möchte ich sagen, nur nicht in einer wissenschaftlichen Sache maßgebende Schranken zu setzen. Es gibt eben keinen Gerichtshof, welcher Grundsätze aufstellen könnte, um zu entscheiden, wann irgendein Versuch als nützlich für die Forschung anzusehen ist.

Aber ich will nun zu meinem Gegenstande zurückkehren. Es gibt Menschen, die behaupten, daß durch die Forschung das Gefühl verdorre, daß sie uns an die Materie kette und alle Poesie ertöte, diese einzigartige Quelle aller edleren Gefühle. Der Geist, der sich der Forschung hingibt, welke dahin und verliere all seinen stolzen Schwung, seine zarten Regungen und all seine Begeisterungsfähigkeit. Nun, das glaube ich nicht. Ich selbst habe gerade das Gegenteil behauptet, aber die Ansicht ist so ausgebreitet, daß irgendeine Grundlage dafür vorhanden sein muß. Es zeigt dies eben, daß die gleiche Kost nicht für alle bekömmlich ist.

Was für Schlüsse müssen wir nun daraus ziehen? Die Naturwissenschaft, im weitesten Sinne genommen und vermittelt von Lehrern, die von ihr erfüllt sind, kann eine äußerst nützliche und sehr wertvolle Rolle bei der sittlichen Erziehung spielen. Aber es wäre ein Fehler, ihr eine ausschließliche Stellung einräumen zu wollen. Sie kann sittlich

8. Moral und Wissenschaft.

wertvolle Gefühle erwecken, die sich als Ansporn zu sittlichem Handeln bewähren können. Aber andere Disziplinen leisten dies in gleicher Weise und es wäre eine Torheit, sich irgendeines der vorhandenen Hilfsmittel zu berauben. Auch wenn wir sie alle vereinigt zur Anwendung bringen, haben wir keinen Überfluß an solchen Mitteln. Es gibt Menschen, welche für naturwissenschaftliche Fragen kein Verständnis haben. Es ist eine allgemeine Beobachtung, daß man in jeder Schulklasse Schüler findet, die zwar „stark" in den sprachlichen Fächern, aber nichts weniger als „stark" in den Naturwissenschaften sind. Welch eine Verblendung wäre es, zu glauben, daß die Naturwissenschaft, die nicht zu ihrem Geiste spricht, zu ihrem Herzen werde sprechen können!

Ich komme zu dem zweiten Punkte. Die Forschung vermag, wie jede andere Art der Tätigkeit, nicht nur neue Gefühle zu erwecken; sie vermag auch auf bereits vorhandenen Gefühlen, die von selbst im Herzen des Menschen aufsprießen, Neues aufzubauen. Man kann sich einen logischen Schluß nicht vorstellen, dessen Voraussetzungen beide die Form einer Aussage und dessen Schluß die Form eines Befehles hätte; es kann aber recht wohl Schlüsse geben, welche nach dem folgenden Schema gebaut sind: Tue dies! Da man dies aber nicht tun kann, ohne jenes zu tun, so tue jenes! Und überlegungen dieser Art entziehen sich nicht dem Einflusse der Wissenschaft.

Die Gefühle, aus denen die Sittlichkeit fließen kann, sind von verschiedener Art. Sie vereinigen sich nicht alle in derselben Stärke in dem Geiste jedes Einzelnen. Bei dem einen wird dieses, bei dem anderen jenes Gefühl vorwalten oder doch stets bereit sein, in Schwingung zu geraten. Manche Menschen werden vor allem empfänglich für das Gefühl des Mitleids sein. Sie werden gerührt werden durch die Leiden des Nächsten. Andere werden alles der Harmonie der Gesellschaftsordnung und dem Wohle der Allgemeinheit unterordnen. Noch andere werden nach der Größe ihres Vaterlandes streben. Wieder andere vielleicht werden einem Schönheitsideal nachleben oder werden der Ansicht sein, daß es unsere höchste Pflicht ist, uns selbst zu vervollkommnen und danach zu streben, möglichst stark zu werden, um uns den Dingen, die uns umgeben, gewachsen zu zeigen und um gleichgültig zu werden gegen das äußere Schicksal, damit wir nicht in unseren eigenen Augen sinken.

Alle diese Richtungen sind an sich löblich, aber sie sind verschieden. Es kann sich daraus ein Konflikt ergeben. Zeigt uns nun die Wissenschaft, daß wir einen solchen Konflikt nicht zu befürchten haben, beweist sie uns, daß man einem dieser Zwecke nicht nachstreben kann, ohne den anderen

8. Moral und Wissenschaft.

im Auge zu behalten (und das kann sie leisten): so wird das ein nützliches Werk sein, und die Wissenschaft wird den Vertretern der Sittenlehre eine wertvolle Hilfe bieten. Die Truppen, die bisher ohne jede Anordnung kämpften, wo jeder Soldat auf seinen besonderen Gegner losging, werden sich in geordnete Reihen zusammenschließen, sobald man ihnen gezeigt haben wird, daß der Sieg eines jeden einzelnen den Sieg aller bedeutet. Ihre Bemühungen wirken nun zusammen, und aus der Horde ohne Selbstbewußtsein wird ein wohlgegliedertes Heer.

Erfolgt nun die Entwicklung der Forschung in dieser Richtung? Man kann es hoffen. Sie zielt darauf ab, uns mehr und mehr die Gemeinsamkeit der verschiedenen Teile des Weltganzen zu zeigen und uns seine Harmonie zu entschleiern. Ist dies nun der Fall, weil eine solche Harmonie wirklich vorhanden ist oder weil sie ein Bedürfnis unseres Geistes ist und folglich ein wissenschaftliches Postulat? Das ist eine Frage, die zu entscheiden ich nicht unternehmen möchte. So, wie die Naturwissenschaft die einzelnen Sondergesetze zusammenzwingt und zu einem allgemeinen Gesetze verschweißt, so kann sie wohl auch die geheimen Wünsche unserer Herzen, die scheinbar so weit auseinander gehen, so eigenwillig und sich gegenseitig so fremd sind, zu einem einheitlichen Ganzen verschmelzen.

Welche Gefahr und welche Enttäuschung aber,

wenn wir an dieser Aufgabe scheitern! Kann die Forschung dann nicht viel mehr Übles stiften, als sie Gutes hätte wirken können? Werden diese Neigungen und Gefühle, die so gebrechlich und zart sind, die wissenschaftliche Zergliederung vertragen? Wird nicht schon der kleinste Lichtblitz uns ihre Nichtigkeit enthüllen, und wird uns nicht unaufhörlich die Frage in den Ohren klingen: welchen Zweck hat das alles? Welchen Zweck hat das Mitleid, denn je mehr man für die Menschen tut, desto anspruchsvoller werden sie und desto unzufriedener sind sie daher mit ihrem Lose. Da das Mitleid nicht lauter Undankbare schafft, würde dies wenig bedeuten. Aber kann das Mitleid etwas anderes hervorbringen als verbitterte Gemüter? Welchen Zweck hat die Vaterlandsliebe, da doch seine Größe meist nur ein glänzendes Elend ist; wozu nach unserer Vervollkommnung streben, da wir doch nur ein Eintagsleben führen? Was dann, wenn unglücklicherweise die Forschung das Gewicht ihres Ansehens zugunsten solcher Überlegungen in die Wagschale werfen würde?

Der menschliche Geist ist ferner ein äußerst verwickeltes Gewebe, dessen Fäden, die durch unsere Ideen-Assoziationen gebildet werden, sich vielfach überkreuzen und von dem Gebiete des einen Sinnes zu dem der andern sich schlingen. Wird einer der Fäden durchschnitten, so ist die Gefahr vorhanden,

8. Moral und Wissenschaft.

daß Zerreißungen stattfinden, deren Ausdehnung man gar nicht voraussehen kann. Dieses Gewebe nun haben nicht wir hervorgebracht, es ist ein Vermächtnis der Vergangenheit. Oft sind unsere stolzesten Empfindungen, ohne daß wir uns dessen bewußt sind, mit durchaus veralteten und äußerst lächerlichen Vorurteilen verknüpft. Die Forschung ist auf dem Wege, diese Vorurteile zu zerstören. Dies ist ihre natürliche Aufgabe, ja ihre Pflicht. Wird nun die stolze Gesinnung, mit der diese althergebrachten Gepflogenheiten verknüpft waren, nicht ebenfalls leiden? Nein, bei starken Gemütern keineswegs. Aber es gibt nicht nur starke Herzen und klar blickende Geister. Es gibt auch schlichte Seelen, bei denen es nicht sicher ist, ob sie der Versuchung widerstehen würden.

Man behauptet daher, die Wissenschaft sei destruktiv und man fürchtet, daß sie alles in Trümmer legen werde und daß dort, wo sie ihren Einzug hält, die menschliche Gesellschaft ihre Lebensfähigkeit verliert. Ist nicht in diesen Befürchtungen eine Art innerer Widerspruch? Wenn man wissenschaftlich nachweist, daß diese oder jene Gepflogenheit, die man als unlöslich verknüpft mit dem Bestehen der menschlichen Gesellschaft angesehen hat, in Wirklichkeit die Wichtigkeit nicht besitzt, die man ihr beigemessen hat und daß sie uns nur durch ihr ehrwürdiges Alter geblendet hat — angenommen, ein solcher Nachweis sei möglich —, wird dann die sittliche Lebensführung der Menschheit ins Wanken geraten? Entweder ist die betreffende Sitte nützlich, dann wird eine vernünftige Forschung auch nicht nachweisen können, daß sie es nicht ist, oder aber sie ist unnütz und dann braucht man nicht um sie zu trauern. Sobald wir uns auf den Boden unserer Schlüsse und der allgemeinen Empfindungen, die die Moralität begründen, stellen, so werden wir eben dieses allgemeine Gefühl und mithin auch die Sittlichkeit am Schlusse einer jeden unserer Beweisketten wieder finden, falls sie entsprechend den Regeln der Logik gebaut sind. Was in Gefahr gerät, ausgeschaltet zu werden, ist nichts Wesentliches, nichts, was für unser sittliches Leben von einiger Bedeutung wäre. Das einzige, worauf es ankommt, muß sich unter den Schlußfolgerungen wiederfinden, weil es unter den Voraussetzungen steht.

Man darf nicht fürchten, daß die Wissenschaft, da sie unvollendet ist, uns hierin täuscht, daß sie uns mit leeren Trugbildern narrt und daß sie uns dazu verleitet, etwas niederzureißen, was wir später gern wieder aufrichten möchten, sobald wir besser unterrichtet wären und es zu spät ist. Es gibt Leute, die sich in einen Gedanken verbeißen, nicht, weil er berechtigt ist, sondern weil er neu ist und weil er in aller Ansehen steht. Das sind schlimme Zerstörer, aber keine .... Forscher, hätte ich beinahe gesagt,

8. Moral und Wissenschaft.

aber ich weiß, daß viele darunter große Verdienste um die Wissenschaft besitzen. Sie sind also wirkliche Forscher, aber nicht w e g e n des oben angegebenen Standpunktes, sondern t r o t z desselben.

Die wahre Wissenschaft scheut sich vor übereilten Verallgemeinerungen und rein spekulativen Herleitungen. Wenn nun schon der Physiker sie vermeidet, wo doch das, womit er es zu tun hat, körperlich und zusammenhängend ist, was müßte erst der Moraltheoretiker, der Soziologe tun, wenn seine sogenannten Theorien, die er aufstellt, ihm zu oberflächlichen Vergleichen zusammenschrumpfen, wie der der Gesellschaften mit den Organismen. Die Naturforschung dagegen ist und kann nur auf experimenteller Grundlage beruhen und das Experiment der Gesellschaftslehre ist die Geschichte der Vergangenheit. Man kann zweifellos an der geschichtlichen Überlieferung Kritik üben, aber man kann nicht ganz mit ihr aufräumen.

Vor einer Wissenschaft, die von wahrhaft experimentellem Geiste durchweht ist hat die Moral nichts zu befürchten. Eine solche Wissenschaft hat Ehrfurcht vor dem Gewordenen, sie widerstrebt dem wissenschaftlichen Snobismus, der sich so leicht von allem blenden läßt, was den Reiz der Neuheit an sich trägt. Die Forschung aber rückt nur Schritt für Schritt weiter, jedoch stets in gleicher Richtung und stets in der richtigen Richtung. Der beste Schutz gegen Halbwissenschaft ist der Fortschritt der wahren Wissenschaft.

Man kann die Beziehungen zwischen Wissenschaft und Moral noch in anderer Weise sehen; es gibt keine Erscheinung, welche nicht Gegenstand der Wissenschaft sein könnte, weil es keine Erscheinung gibt, die man nicht beobachten könnte. Die Erscheinungen der Moral können ihr ebensowenig entgehen, wie die übrigen Erscheinungen. Der Naturhistoriker versenkt sich in die Beobachtung des Ameisen- und des Bienenstaates und betreibt dieses Studium mit vielem Ernste. In gleicher Weise sucht der Forscher sich über die Menschen ein Urteil zu bilden, als ob er selbst nicht ein Mensch wäre. Er denkt sich an die Stelle irgendeines fernen Bewohners des Sirius, für den unsere Städte nur Ameisenhaufen bedeuten würden. Das ist sein Recht und liegt im Berufe des Forschers.

Die Wissenschaft von der Moral wird daher zunächst rein beschreibend sein. Sie wird uns die Erkenntnis der menschlichen Sitten vermitteln. Sie wird uns lehren, wie diese Sitten beschaffen sind, ohne etwas darüber auszusagen, wie sie beschaffen sein sollten. Sie wird weiterhin vergleichend sein. Sie wird uns durch die verschiedenen Länder geleiten, um uns Vergleiche anstellen zu lassen über die Sitten der verschiedenen Völker, über die des Wilden und des Kulturmenschen, und überdies wird sie uns auch zu zeitlichen Vergleichen anregen zwischen den Sitten von ehedem und deren von heute. Schließlich wird sie versuchen, Erklärungen zu geben, und das ist die natürliche Entwicklung einer jeden Wissenschaft.

Die Darwinisten werden uns eine Erklärung dafür zu geben suchen, warum alle bekannten Völkerschaften einem einzigen sittlichen Gesetze sich beugen, indem sie uns sagen, daß die natürliche Auslese längst die zum Verschwinden gebracht hat, welche nicht geeignet waren, sich diesem Gesetze zu unterwerfen. Die Psychologen werden uns eine Erklärung geben, weshalb die Vorschriften der Moral nicht stets im Einklange mit den Interessen der Allgemeinheit sind. Sie werden uns sagen, daß der Mensch im Wirbel des Lebens nicht Zeit hat, alle Folgen seiner Handlungen zu überlegen, sondern nur gewissen allgemeinen Weisungen folgen könne. Diese werden um so weniger Mißverständnissen ausgesetzt sein, je einfacher sie sind. Dafür, daß sie nützlich wirken und daß folglich die Auslese sie hervorbringen kann, ist es genügend, wenn sie sich nur in den meisten Fällen mit den Bedürfnissen der Allgemeinheit im Einklange befinden. Die Geschichtsschreiber werden uns berichten, wie von den beiden Richtungen der Moral, von denen die eine das Einzelwesen der Allgemeinheit unterordnet, während die andere mit dem Einzelnen mitfühlt und das Wohl des Mitmenschen uns zum Lebenszwecke macht, die letztgenannte in unaufhörlichem Vordringen begriffen ist, in dem Maße, als die großen menschlichen Verbände an Ausdehnung und Kompliziertheit zunehmen und im großen Ganzen Katastrophen weniger ausgesetzt sind.

Diese Wissenschaft von der Moral ist nicht selbst Moral und wird es niemals sein. Sie kann ebensowenig die Moral ersetzen, wie eine physiologische Abhandlung über die Verdauung ein gutes Mittagbrot ersetzen kann. Im Hinblick auf das Vorhergesagte brauche ich hierbei nicht länger zu verweilen.

Aber nicht darum eigentlich handelt es sich. Wenn die Wissenschaft von der Moral auch selbst keine Moral ist, kann sie nicht doch entweder günstig oder gefahrbringend für die Moral wirken? Manche werden sagen, daß eine Erklärung in gewissem Sinne stets auch eine Bestätigung bedeute, und dem wird man sich unschwer anschließen können. Andere werden im Gegenteil behaupten, daß man nicht ohne großen Schaden die Unterschiede in der Moral aufdecken kann, die entsprechend den verschiedenen Rassen und Breitengraden vorhanden sind. Es könne uns dies dahin bringen, das zum Gegenstande von Erwägungen zu machen, was blindlings angenommen werden müsse, und eine Zufälligkeit in dem zu erblicken, was uns als eine Notwendigkeit erscheinen

8. Moral und Wissenschaft.

müsse. Vielleicht haben auch sie nicht ganz unrecht. Aber, offen gestanden, heißt es nicht den Einfluß theoretischer Erwägungen auf den Menschen überschätzen, Erwägungen, die eben stets nur oberflächlich anhaften und ihm innerlich fremd bleiben? Wenn hochgemute und niedrige Leidenschaften in unserem Bewußtsein um die Herrschaft ringen, welches Gewicht hat gegenüber zwei so mächtigen Gegnern die metaphysische Unterscheidung zwischen dem Zufälligen und Notwendigen in die Wagschale zu werfen?

Obwohl die mir zur Verfügung stehende Zeit zu Ende geht, möchte ich doch einen wichtigen Punkt nicht mit Stillschweigen übergehen. Die Wissenschaft ist deterministisch und sie ist es a priori. Sie erhebt diese Forderung, weil sie ohne sie nicht bestehen könnte. Die Wissenschaft ist aber auch deterministisch a posteriori. Nachdem sie dieses Postulat als eine unerläßliche Bedingung für ihr Bestehen an die Spitze gestellt hat, gibt sie in der Folge einen strengen Beweis für das Zu-recht-bestehen dieses Prinzips, und jeder ihrer Kämpfe endet mit einem Siege des Determinismus. Vielleicht ist eine vermittelnde Auffassung möglich. Es läßt sich denken, daß der Siegeszug des Determinismus ohne Schranken und Grenzen vordringt und kein Hindernis kennt, das unüberwindbar wäre, und daß man trotzdem doch nicht das Recht hat, zur Grenze überzugehen, wie wir Mathematiker sagen, und auf einen absoluten Determinismus zu schließen, weil gerade bei dem Grenzübergange der Determinismus sich in eine Tautologie oder in einen Widerspruch verflüchtigt. Das ist eine Frage, die man durch Menschenalter ohne Hoffnung auf endgültige Lösung studiert hat, und ich kann sie in den wenigen Minuten, die mir noch zur Verfügung stehen, kaum berühren.

Wir stehen aber einer Tatsache gegenüber. Die Wissenschaft ist mit Recht oder mit Unrecht deterministisch. Überall, wohin sie eindringt, öffnet sie dem Determinismus die Tore. Solange es sich um die Physik oder selbst um die Biologie handelt, hat dies wenig zu bedeuten. Das Bereich des Gewissens bleibt unangetastet. Was aber, wenn einst der Tag kommt, an dem die Moral an die Reihe kommt, ein Gegenstand der Forschung zu werden? Auch sie wird dann erfüllt werden vom Geiste des Determinismus, und das wird zweifellos ihr Untergang sein.

Ist nun wirklich alles verloren, sobald eines Tages die Moral sich wird dem Determinismus beugen müssen, oder wird sie sich ihm anpassen können, ohne unterzugehen? Ohne Zweifel wäre eine solche tiefeinschneidende Umwälzung unserer Weltanschauung gerade für die Sittlichkeit von geringerem Einfluß, als man denken könnte. Es ist selbstverständlich, daß die strafende Vergeltung dann keine Berechtigung mehr hätte. Was man Schuld und Sühne

8. Moral und Wissenschaft.

nannte, würde man dann eine Krankheit und deren Verhütung nennen. Die menschliche Gesellschaft aber würde sich ihre Rechte zu bewahren wissen. Allerdings nicht das Recht der Bestrafung, sondern ganz einfach das der Selbstverteidigung. Was schwerer ins Gewicht fällt, ist, daß der Begriff des Verdienstes und sein Gegenteil verschwinden oder sich vollkommen umgestalten müßte. Man würde aber nicht aufhören, einen guten Menschen zu lieben, so, wie man alles liebt, was schön ist. Man hätte nicht mehr das Recht, einen lasterhaften Menschen zu hassen, da er uns höchstens einen Widerwillen einflößen könnte. Aber ist das auch durchaus notwendig? Es genügt, daß man nicht aufhört, das Laster selbst zu hassen.

In dieser Hinsicht ginge alles seinen Gang wie vorher. Der Instinkt ist stärker als alle Weltanschauungen und selbst wenn man ihn mit dem Seziermesser der Forschung erfaßt, wenn man das Geheimnis seiner Kraft durchschaut hätte, so wäre doch seine Macht damit nicht gebrochen. Ist die Massenanziehung weniger unwiderstehlich seit Newton? Die sittlichen Kräfte, die uns lenken, würden dies auch in der Folge tun.

Wenn die Idee der Freiheit selbst schon eine Macht ist, wie Fouillée sagt, so würde diese Macht wohl kaum geschwächt, wenn jemals die Forscher den Nachweis erbrächten, daß sie auf einer Illusion beruhte. Diese Illusion haftet zu fest, um durch irgendwelche Überlegungen zerstört werden zu können. Auch der strengste Determinist wird noch lange im Gespräche des täglichen Lebens fortfahren zu sagen, ich will und ich soll, und gerade aus dem mächtigsten Born seiner Seele, wo weder Bewußtsein, noch Urteil ist, werden solche Empfindungen fließen. Es ist so unmöglich, sich nicht als Mensch mit freiem Willen zu verhalten, daß selbst der Philosoph nicht imstande ist, als Determinist zu denken, außer, wenn er in seiner Wissenschaft tätig ist.

Das Schreckgespenst ist daher nicht so fürchterlich, wie man denkt und es gibt wohl auch noch andere Gründe, es nicht zu fürchten. Man kann erwarten, daß von einer höheren Warte aus sich alles vereinigen ließe und daß für einen von keinen Schranken beengten Geist die beiden Auffassungen, die des Menschen, der handelt, als ob er einen freien Willen besäße, und die des Philosophen, der zu dem Schlusse kommt, daß von freier Selbstbestimmung keine Rede sein könne, in gleicher Weise berechtigt erscheinen.

Wir haben nacheinander verschiedene Gesichtspunkte eingenommen, von denen aus man die Beziehungen zwischen Wissenschaft und Moral ins Auge fassen kann; wir wollen nun unsere Endergebnisse zusammenfassen. Es gibt keine wissenschaftliche Moral im engeren Sinne des Wortes und wird nie eine geben. Die Wissenschaft aber kann der Moral eine mittelbare Unterstützung gewähren. Die Wissenschaft im weitesten Sinne des Wortes kann ihr nur von Nutzen sein; das Halbwissen allein ist gefährlich. Dagegen kann auch die Wissenschaft allein nicht genügen, denn sie erfaßt nur einen Teil des Menschen, oder, wenn man lieber will, sie erfaßt alles, aber alles nur von einer ganz bestimmten Seite. Schließlich muß man auch bedenken, daß es Geister gibt, die keine wissenschaftliche Schulung haben. Weitgehendere Befürchtungen sowohl als Hoffnungen, erscheinen mir jedoch in gleicher Weise unbegründet; Wissenschaft und Sittlichkeit werden sich in dem Maße, als sie sich weiterentwickeln, auch aneinander anpassen.

---

9. Die Sittlichkeit als Gemeingut[1]).

Die heutige Versammlung vereinigt Menschen, deren Ideen weit auseinander gehen und die nur eines eint: der gleiche gute Wille und das gleiche Streben nach dem Guten. Trotzdem zweifle ich nicht, daß eine Verständigung leicht möglich ist,

---

1) Diese Ansprache hielt Henri Poincaré auf der Eröffnungssitzung der französischen Vereinigung für sittliche Erziehung am 26. Juni 1912, 3 Wochen vor seinem Tode. Es war dies das letzte Mal, daß er öffentlich sprach.

denn wenn die Anwesenden auch nicht die gleichen Ansichten über die **Mittel** haben, so sind sie doch bezüglich des **Zweckes** eines Sinnes und nur darauf kommt es im Grunde an.

Man konnte neulich und vielleicht noch heute an den Pariser Anschlagssäulen die Ankündigung eines Vortrages mit Wechselrede finden über „moralische Konflikte". Besteht ein solcher Konflikt, kann er bestehen? Nein. Die Moral kann sich auf eine Fülle von Beweggründen stützen. Darunter gibt es welche, die transzendent sind. Sie sind vielleicht die besseren oder doch die edleren, aber gerade sie werden bestritten. Es gibt aber auch einen sittlichen Beweggrund, der vielleicht mehr von irdischer Art ist, dem aber niemand von uns allen seine Zustimmung versagen kann.

Das Leben des Menschen ist in Wirklichkeit ein steter Kampf. Unaufhörlich stellen sich ihm zwar blinde, aber trotzdem fürchterliche Mächte entgegen, die ihn zu Boden werfen, die ihm tausendfältiges Unheil bereiten und schließlich ihn vernichten würden, wenn er nicht unaufhörlich vor ihnen auf der Hut wäre.

Wenn wir uns bisweilen einer verhältnismäßigen Ruhe erfreuen, so geschieht dies, weil unsere Väter wacker gekämpft. Unsere Tatkraft, unsere Wachsamkeit darf nur einen Augenblick erschlaffen, und

9. Die Sittlichkeit als Gemeingut.

wir verlieren die Früchte aller ihrer Kämpfe, alles, was sie für uns errungen haben. Die Menschheit gleicht daher einem Volke in Waffen. Jedes Heer aber bedarf einer eisernen Disziplin, und es genügt nicht, sich ihr am Tage der Schlacht unterzuordnen. Man muß sich ihr auch in den Tagen des Friedens schon fügen. Sonst ist der Untergang gewiß, und auch die größte Tapferkeit vermag keine Rettung zu bringen.

Das, was ich nun vorzubringen habe, fügt sich gut ein dem Kampfe, den die Menschheit durchfechten muß, um ihren Bestand zu sichern. Die Disziplin, der sie sich fügen muß, heißt die Moral. An dem Tage, an dem sie ihrer vergäße, müßte die Menschheit sich geschlagen geben und würde in einen Abgrund von Unheil herabsinken. Sie würde aber auch gleichzeitig einer Entartung verfallen. Sie würde sich selbst weniger schön und sozusagen herabgemindert vorkommen. Man hätte nicht nur das Übel zu beklagen, welches nachfolgen würde, sondern auch die Verunstaltung eines Kunstwerkes.

In allen diesen Dingen sind wir eines Sinnes. Wir alle sehen das Ziel. Warum nun gehen unsere Ansichten auseinander, wenn es sich darum handelt, den Weg zu wählen, auf dem man es zu erreichen hat? Wenn Erwägungen hier etwas auszurichten vermöchten, dann wäre eine Übereinstimmung leicht zu erzielen. Die Mathematiker geraten niemals in

Streit darüber, wenn es sich darum handelt, festzustellen, wie der Nachweis für irgendeinen Lehrsatz zu führen sei. Hier aber handelt es sich um etwas ganz anderes. Der Moral mit Vernunftgründen beikommen zu wollen, hieße seine Mühe verschwenden; auf diesem Gebiete wird es wohl kaum eine Überlegung geben, der man nicht eine entgegengesetzte gegenüberstellen könnte.

Man erkläre einem Soldaten, wie viel Unheil eine Niederlage mit sich bringt und daß sie sogar seine eigene Sicherheit in Frage stellen würde; stets wird er antworten können, daß für diese Sicherheit noch besser gesorgt sein wird, wenn er die anderen für sie kämpfen läßt. Wenn der Soldat nicht so spricht, so geschieht es, weil er von einer Macht bewegt wird, die alle Vernunftgründe zum Schweigen bringt. Was uns not tut, das sind Kräfte wie diese. Nun, das Menschenherz ist ein unerschöpflicher Born solcher Triebe, eine reiche und ergiebige Quelle lebendiger Kraft. Diese treibende Kraft im Menschen sind die Gefühle, und die Vertreter der Sittenlehre haben die Aufgabe, sie in ihren Dienst zu stellen und in gutem Sinne zu lenken, so, wie der Techniker die Kraft der Natur sich unterwirft und sie den Bedürfnissen der menschlichen Wirtschaft nutzbar macht.

Um aber eine Maschine in Bewegung zu setzen, kann sich der Techniker — und hier liegt nun der

9. Die Sittlichkeit als Gemeingut.

Grund für auseinander gehende Auffassungen — ebensowohl der Dampf-, wie der Wasserkraft bedienen. In gleicher Weise können die Lehrer der Moral nach freiem Ermessen diese oder jene seelischen Kräfte in Tätigkeit bringen. Jeder von ihnen nun wird naturgemäß die Kraft wählen, die er in sich selbst verspürt. Kräfte, die außer ihm liegen, die er beim Nachbarn entlehnen müßte, könnte er höchstens ungeschickt handhaben. Sie wären in seinen Händen wie ohne Leben und ohne Schwung. Er würde etwas derartiges ablehnen und mit Recht. Weil unsere Waffen verschieden sind, muß auch unsere Kampfesweise eine verschiedene sein. Warum sollte der eine die des anderen anstreben?

Und trotzdem, es ist stets dieselbe Sittlichkeit, die man lehrt. Ob man den Nutzen der Allgemeinheit ins Auge faßt oder ob man sich auf das Mitgefühl beruft, oder auf das Gefühl der Menschenwürde, stets münden die Betrachtungen in dieselben Gebote ein, die man nicht über Bord werfen kann, ohne daß die Völker zugrunde gehen und ohne daß die Leiden der Menschheit sich vertausendfachen, das Menschengeschlecht der Entartung verfällt.

Warum nun vereinigen sich alle die Menschen, die, wenn auch mit verschiedenen Waffen, doch gegen den gleichen Gegner stehen, so selten, da sie doch natürliche Bundesgenossen sind? Warum freuen sich sogar gelegentlich die einen über die

Niederlagen der anderen? Vergessen sie, daß jede solche Niederlage ein Sieg des Erbfeindes, eine Schmälerung des gemeinsamen Vatererbes ist? Fürwahr, wir bedürfen viel zu sehr aller der Kräfte, die in uns wohnen, als daß wir das Recht hätten, irgendwelche davon zu vernachlässigen. So wollen wir niemanden zurückweisen, niemanden ächten, als nur den Haß.

Gewiß, auch der Haß ist eine Macht, eine gar gewaltige Macht. Aber wir können uns seiner nicht bedienen, weil er alles verkleinert, weil er einem Feldstecher gleicht, durch den man umgekehrt hindurchsieht. Auch der Haß von Volk zu Volk ist ein Frevel, und nicht er ist es, der die wahren Helden schafft. Ich weiß nicht, ob man glaubt, die Vaterlandsliebe durch den Haß verstärken zu können. Jedenfalls aber ist es gegen die Instinkte unserer Rasse und gegen ihre geheiligten Überlieferungen. Die Heere Frankreichs haben sich stets für jemanden und für eine Sache geschlagen und nicht gegen irgendwen. Sie haben sich deswegen nicht weniger wacker geschlagen.

Und wenn in der inneren Politik die Parteien der großen Gedanken vergessen, die ihren Stolz ausmachen und ihnen erst Daseinsberechtigung geben, um sich einzig und allein an den Haß zu klammern; wenn der eine sagt: „Ich bin ein Anti — X", und der andere entgegnet: „Ich bin ein Anti — Y", dann engt

9. Die Sittlichkeit als Gemeingut.

sich augenblicklich der Gesichtskreis ein, als ob Wolken herabsinken und die Gipfel verschleiern würden. Die niedrigsten Mittel werden angewendet; man schreckt selbst vor Verleumdung und Angeberei nicht zurück; wer sich scheut, zu solchen Mitteln zu greifen, wird verdächtigt. Menschen sieht man dann emporkommen, die Verstand zu haben scheinen, nur um lügen, Herz nur, um hassen zu können. Und andere, durchaus nicht gemeine Naturen, haben für diese Leute, sobald sie nur im geringsten glauben, zur selben Fahne zu gehören, eine Unmenge von Nachsicht, ja bisweilen von Bewunderung übrig. Bei so vielerlei sich bekämpfendem Haß zögert man, die Niederlage der einen Partei zu wünschen, da sie der Triumph der anderen wäre.

Das ist's, was der Haß vermag; es ist gerade das, was wir nicht wollen. Kommen wir also einander näher, lernen wir uns kennen und damit achten und arbeiten wir an der Verwirklichung des gemeinsamen Ideals! Hüten wir uns aber davor, von allen zu verlangen, sie sollen denselben Weg gehen! Das wäre undurchführbar und nicht einmal wünschenswert. Alles auf gleiches Maß zurückführen, das würde den Tod bedeuten; es hieße, jeglichem Fortschritt von vornherein einen Riegel vorschieben. Alles Erzwungene ist unfruchtbar und unerfreulich.

Die Veranlagung der Menschen ist verschieden; manche geraten leicht in Empörung. Ein einziges

Wort vermag sie zu verletzen, und alles andere bleibt ihnen dann gleichgültig. Ich weiß nicht, ob Sie nicht im Begriffe stehen, ein solches Wort auszusprechen; ich möchte Sie beschwören, es nicht zu tun! Die Gefahr liegt auf der Hand: Menschen, die nicht die gleiche geistige Entwicklung durchgemacht haben, werden dazu gebracht, einander im Leben zu verletzen; unter den wiederholten Stößen wird ihr Geist unsicher, ihr Denken wird gewaltsam umgeformt, und vielleicht gehen sie von ihrem Glauben ab. Was wird die Folge sein, wenn die neuen Ideen, die sie anzunehmen im Begriffe stehen, ihnen von ihren alten Lehrmeistern als Verneinung jeder Moral hingestellt worden waren? Wird eine derartige geistige Gewöhnung in einem Tage verschwinden können? Ihre neuen Gesinnungsgenossen werden sie überdies lehren, das nicht nur abzulehnen, sondern zu verachten, was sie früher angebetet haben. Sie werden für die erhabenen Vorstellungen, in denen sich ihre Seele gewiegt hat, nicht jene zarte Erinnerung bewahren, die den Glauben überlebt. In diesem allgemeinen Zusammenbruch läuft ihr sittliches Ideal Gefahr, erschüttert zu werden, und sie gehen damit der Früchte ihres ganzen früheren Lebens verlustig.

Diese Gefahr ließe sich bannen oder wenigstens vermindern, wenn wir lernen wollten, nur mit rücksichtsvoller Achtung von allen ehrlichen Bestrebungen unserer Nebenmenschen zu sprechen.

9. Die Sittlichkeit als Gemeingut.

Diese Rücksichtnahme würde uns leichter fallen, wenn wir uns gegenseitig besser kennen lernten.

Das aber ist gerade die Aufgabe der „Vereinigung für sittliche Erziehung". Die heutige Tagung, die Verhandlungen, in die Sie einzutreten im Begriffe stehen, sind an und für sich schon ein Beweis, daß man von brennendem Glauben erfüllt und doch gerecht gegen die Empfindungen eines anderen sein kann; daß wir alle, wenn auch unter verschiedenen Fahnen, so doch als Glieder e i n e s Heeres unter Waffen stehen und Schulter an Schulter kämpfen.

Ende.